深海秘境探索之旅

王渝生　主编

中国大百科全书出版社

图书在版编目（CIP）数据

深海秘境探索之旅 / 王渝生主编 . -- 北京 ：中国
大百科全书出版社，2025. 1. -- ISBN 978-7-5202-1759-0

Ⅰ . P7-49

中国国家版本馆 CIP 数据核字第 2025EM4600 号

出　版　人：刘祚臣
责任编辑：程忆涵
责任校对：杜晓冉
责任印制：李宝丰
出　　　版：中国大百科全书出版社
地　　　址：北京市西城区阜成门北大街 17 号
网　　　址：http://www.ecph.com.cn
电　　　话：010-88390718
图文制作：北京杰瑞腾达科技发展有限公司
印　　　刷：唐山富达印务有限公司
字　　　数：100 千字
印　　　张：8
开　　　本：710 毫米 ×1000 毫米　　1/16
版　　　次：2025 年 1 月第 1 版
印　　　次：2025 年 1 月第 1 次印刷
书　　　号：978-7-5202-1759-0
定　　　价：48. 00 元

编委会

主　编：王渝生

编　委：（按姓氏音序排列）

程忆涵　杜晓冉　胡春玲　黄佳辉

刘敬微　王　宇　余　会　张恒丽

目 录

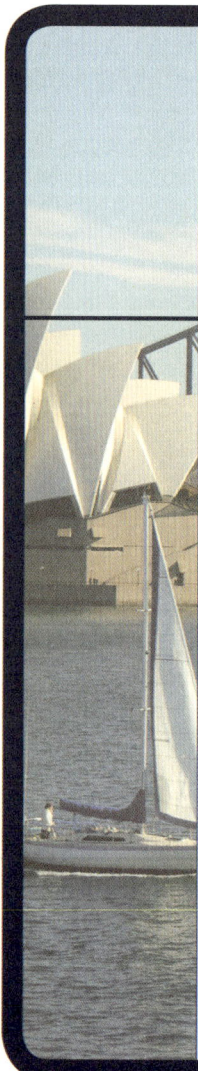

第一章 海和洋——地球上的蓝色天堂

　　由海洋主体的海水、溶解或悬浮于其中的物质、生活于其中的海洋生物、围绕海洋周缘的海岸和海底等组成的统一体。

　　通常所称海洋，仅指作为海洋主体的连续水域，面积约 3.6 亿平方千米，约占地球表面积的 71％；体积约 13.7 亿立方千米。一般海洋中心部分称为"洋"；海洋边缘部分称为"海"，但也有的海处于大陆之间（如地中海）、伸入大陆内部（如黑海）或被包围在其他海之中（如马尾藻海）。海约占海洋总面积的 11％。全球的洋与海彼此相通，构成统一的水体。海洋是全球生命支持系统的基本组成部分，也是维系人类持续发展的资源宝库。

[一、海陆分布]

在地球表面上，海洋和陆地的分布是极不均匀的。陆地主要集中在北半球，约占北半球总面积的39%，海洋面积约占61%；在南半球，陆地面积仅占19%，海洋面积约占81%。

地球表面的海陆分布在外貌构成上，具有以下一些特征：除南极洲外，所有大陆大体上是成对分布的。例如，北美洲和南美洲，欧洲和非洲，亚洲和大洋洲。每对大陆组成一个大陆瓣，在北极汇合，形成大陆星。

每对大陆都被地壳断裂带所分隔。大陆相对集中的北半球，其北极地区是广大的海洋；海洋相对集中的南半球，其南极地区却是大陆。

南、北半球各大陆西岸凹入，而东岸凸出。非洲的西海岸和南美洲的东海岸、红海的东岸和西岸，在形态上都具有明显的相似性。如将南美洲和非洲，北美洲、格陵兰和欧洲拼接，红海两岸靠拢，都能

大体吻合在一起。这些地块原是一个整体，后来由于海底扩张、大陆漂移才被撕裂开来。

在大陆瓣之间的广大洋底上，有庞大的中央海岭（即大洋中脊）贯穿整个大洋。位于美洲、非洲与欧洲之间的大西洋中脊尤为突出，它的延伸方向几乎是大西洋海岸轮廓的再现。岛弧-岛屿成手背状弯曲。海洋中的岛屿大多数分布在大陆东岸；岛弧或岛链也多分布在大陆东岸，尤其是亚洲东岸。这些岛弧或岛链往往沿着大陆边缘向东凸出，其外侧则为一系列深海沟。

海陆分布的这些特点及其成因，与岩石圈的板块运动或地壳运动有关，岩石

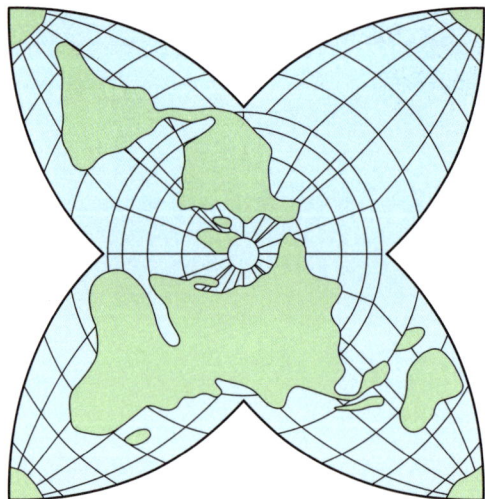

大陆星

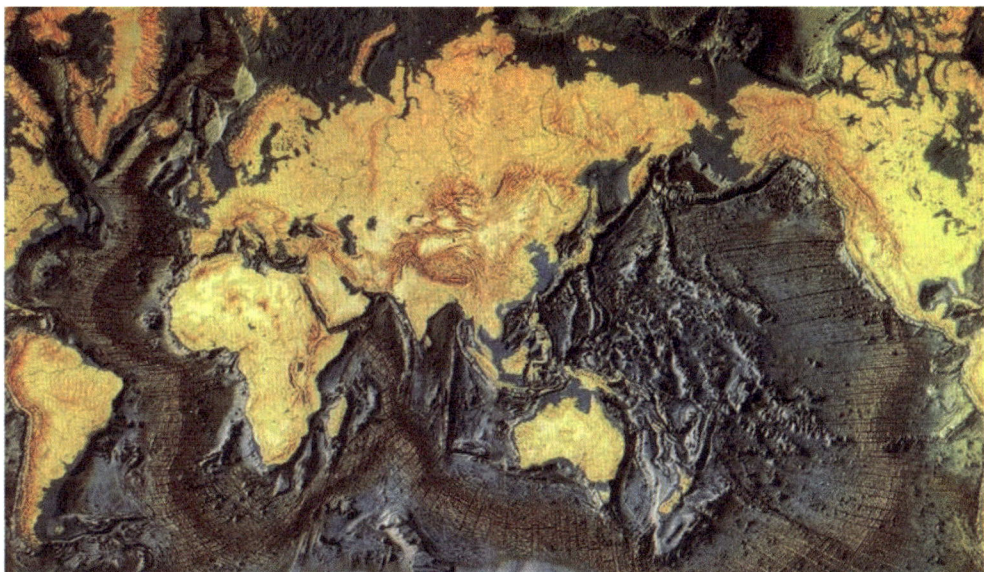

盘踞海底的巨龙——大洋中脊

圈的运动又与更深的地球内层的地幔物质运动有关。这些正是现代地质学家、地球物理学家和海洋学家努力探索的地球科学重大课题。

[二、海洋形态]

海洋分为大洋和海。

大洋 通常可分为太平洋、大西洋、印度洋和北冰洋。太平洋北起亚洲和北美洲之间的白令海峡，南到南极大陆，长约 1.6 万千米；东起南、北美洲间的巴拿马运河，西迄亚洲中南半岛的克拉地峡，宽约 1.9 万千米。太平洋是世界第一大洋，约占世界大洋总面积的1/2，大体近似圆形。大西洋位于欧洲和非洲以西，南、北美洲以东，大致呈 S 形，面积居世界第二位。印度洋位于非洲、南亚、大洋洲和南极洲之间，略呈三角形，其主体在赤道以南的热带和温带区域。北冰洋位于亚欧大陆和北美之间，大致以北极为中心，以北极圈为界，近似圆形。北冰洋比别的大洋浅得多，面积也最小。

海　在各大洋的边缘区域，附属于各大洋。它们有些以狭窄、孤立的海峡和大洋相连，有些以岛链与大洋相隔，分别称为海或海湾。按所处位置的不同，可以分为边缘海、地中海（又称陆间海）和内陆海，附属于太平洋的有马来群岛诸海、南海、东海、黄海、日本海、鄂霍次克海、阿拉斯加湾、白令海等，附属于大西洋的有加勒比海、墨西哥湾、波罗的海、地中海、黑海等，附属于印度洋的有阿拉伯海、孟加拉湾、红海、波斯湾、安达曼海等，附属于北冰洋的有巴伦支海、挪威海、格陵兰海等。关于各个海、海湾的面积和深度，不同的学者和书本给出的数据不尽相同。

[三、海底地形]

海洋底部高低起伏的复杂程度不亚于陆地。世界大洋的大尺度地形结构通常可分为大陆边缘、大洋盆地和大洋中脊三大基本单位以及前二者交接处的海沟。

大陆边缘　一般包括大陆架、大陆坡和大陆隆，约占海洋总面积的22%。大陆架或大陆浅滩是毗连大陆的浅水区域和坡度平缓的区域，地质学上认为是大陆在海面以下的自然延续部分。在第四纪冰期时，大陆架大部分高出海面。通常取200米等深线为大陆架的外缘。大陆架的宽度极不一致，最窄的仅约数千米，最宽的可超过1000千米，平均宽度约75千米。

大陆坡和大陆隆是大陆向大洋盆地的过渡带。大陆坡占据这一过渡带的上部、水深约200～3000米的区域，坡度较陡。大陆隆大部分位于3000～4000米等深线，坡度较缓。

大洋盆地　世界大洋中面积最大的地貌单元，其深度大致为4000～6000米，占世界海洋总面积的45%左右。由于海岭、海隆以及群岛和海底山脉的分隔，大洋盆地分成近百个独立的海盆，主要的约有50个。

世界各大洋主要的海和海湾

名称	面积 ($10^3 km^2$)	体积 ($10^3 km^3$)	平均深度 (m)	最大深度 (m)	名　称	面积 ($10^3 km^2$)	体积 ($10^3 km^3$)	平均深度 (m)	最大深度 (m)
太平洋					北海	600	54	94	433
珊瑚海 (包括新赫布里底海)	4791	11470	2394	9140	黑海	508	605	1191	2245
					波罗的海	382	38	101	459
南海	3447	2928	1140	5420	圣劳伦斯海	240	30	127	572
白令海	2261	3373	1492	4773	比斯开湾	184			
鄂霍次克海	1392	1354	937	3657	爱琴海	179			
阿拉斯加湾	1327	3226	2431	5659	亚得里亚海	132			
菲律宾海	1036			10539	爱尔兰海	100	6	60	
日本海	1013	1690	1667	4036	英吉利海峡	80	4	54	172
东海	752	263	349	2717	亚速海	38	0.3	9	13
所罗门海	720			9140	马尔马拉海	11	4	357	1355
班达海	695	2129	3064	7360	**印度洋**				
苏拉威西海	472	1553	3291	8547	阿拉伯海	3863	10561	2734	5203
爪哇海	433	200	46	89	孟加拉湾	2172	5616	2586	5258
苏禄海	420	478	1139	5119	阿拉弗拉海 (包括卡奔塔利亚湾)	1037	204	197	3680
黄海	417	17	40	106					
摩鹿加海	307	578	1880	4180	帝汶海	615	250	406	3310
泰国湾	239				安达曼海	800	700	870	4171
望加锡海峡	194	188	967		大澳大利亚湾	484	459	950	5080
斯兰海	187	227	1209	5318	红海	453	244	538	2604
加利福尼亚湾	153	111	724	3127	波斯湾	238	24	100	104
弗洛勒斯海	121	222	1829	5140	亚丁湾	220			
巴厘海	119	490	411	1590	阿曼湾	181			
北部湾	117				**北冰洋**				
萨武海	105	178	1710	3470	巴伦支海	1405	322	229	600
巴斯海峡	70	5	70		挪威海	1383	2408	1742	3 860
大西洋					格陵兰海	1205	1740	1444	4846
加勒比海	2754	6860	2491	7238	东西伯利亚海	901	53	58	155
地中海	2510	3771	1502	5092	喀拉海	833	104	118	620
墨西哥湾	1543	2332	1512	4023	拉普捷夫海	650	338	519	2980
几内亚湾	1533	4592	2996		楚科奇海	582	51	88	160
哈得孙湾	1230	160	128	274	波弗特海	476	478	1004	4683
巴芬湾	689	593	861	2136	白海	90	8	89	330

注：资料主要来源于《我们生活的星球——地球科学图解百科全书》(1976) 和美国《地貌学百科全书》(1968)。

大洋中脊或中央海岭　世界大洋中最宏伟的地貌单元。它隆起于洋底的中央部分，贯穿整个世界大洋，成为一个具有全球规模的洋底山脉。大洋中脊总长约80000千米，相当于陆上所有山脉长度的总和；面积约1.2亿平方千米，约占世界海洋总面积的33%。中脊的顶部和基部之间的深度落差平均1500米。

　　海沟　主要分布在大陆边缘与大洋盆地的交接处，是海洋中的最深区域，深度一般超过6000米。世界海洋总共有30多条海沟，约有20条位于太平洋。大多数海沟沿着大陆边缘或岛链伸展，海沟的宽度一般小于120千米，深度达6～11千米；某些海沟的长度可达数千千米。深度大于1万米的海沟，有马里亚纳海沟、汤加海沟、千岛-堪察加海沟、菲律宾海沟、克马德克海沟，均位于太平洋。其中，马里亚纳海沟的查林杰海渊深达11034米，是迄今所知海洋中的最大深度。

[四、洋域划分]

　　长期以来存在着不同的方案，分别将地球上统一的世界大洋划分为三大洋、四大洋和五大洋。

　　最早对世界大洋进行科学划分并正式命名的是英国伦敦地理学会于1845年发表的方案。该方案把世界大洋划分为5个大洋，即太平洋、大西洋、印度洋、北冰洋和南大洋。其中，规定南大洋以南极圈为界，北冰洋以周围大陆岸线以及通过大西洋北部的北极圈为界。20世纪初，有些学者建议将世界大洋划分为三大洋，即太平洋、大西洋和印度洋；把原先划出的北冰洋作为大西洋的北极地中海和边缘海，南大洋也相应地拼入太平洋、大西洋和印度洋，作为这3个大洋的南极海域。三大洋的划分方案曾为许多学者所接受。1928年和1937年，国际水道测量局（IHB）根据海道测量和航海的需要，先后两次发表了世界大洋的划分方案。它们基本上认可了原先伦敦地理学会关于五大洋命名和分界的方案，并规定在各个大洋之间以及大洋与附属海之间的毗连水域，在没有明显的自然界线情况下，以适当的经、纬线或海图上的等角航线为界。1953年国际水道测量局又发表了一个取消南大洋的划分方案，并规定以赤道为界，将太平洋和大西洋都一分为二，分别命名为南、北太平洋和南、北大西洋。国际水道测量局的这种划分方案特别适用于航海和海图测绘作业，在实践中得到了日益广泛的应用。联合国教科文组织（UNESCO）在 1967 年颁布的国际海洋学资料交换手册中采用了 1953 年的方案。

现在，人们常用四大洋的方案，把世界大洋划分为太平洋、印度洋、大西洋和北冰洋。其中，太平洋和大西洋毗连水域的分界线是通过南美洲合恩角的经线；大西洋北以冰岛-法罗岛海丘和威维尔-汤姆森海岭与北冰洋分界；大西洋和印度洋毗连水域的分界线是通过非洲南端厄加勒斯角至南极大陆的子午线（东经 20°）；印度洋和太平洋的分界线是横越马六甲海峡，再沿巽他群岛西部、南部边界和伊里安岛（新几内亚岛），横越托雷斯海峡以及通过塔斯马尼亚岛东南角至南极大陆的子午线（东经 146°15′）；太平洋和北冰洋的毗邻水域则以白令海峡为界。

新普罗维登斯岛海岸风光

20世纪60年代以来，随着海洋学研究的深入，越来越多的海洋学者认为太平洋、大西洋和印度洋的南部相互连接的广大水域，是一个具有自然特征的地理区域，应当单独划分为一个独立的大洋，即南大洋。联合国教科文组织的政府间海洋学委员会（IOC）1970年正式提议，把"南极大陆到南纬40°的纬圈海域或更明确地到亚热带辐合带海域"划为南大洋。

世界四大洋的面积、体积（包括边缘海）

统计人	大洋统计单位		世界大洋	太平洋	大西洋	印度洋	北冰洋
科西纳 （1921）	面积	10^6（km^2）	361.0	179.7	93.3	74.9	13.1
		%	100	49.8	25.9	20.7	3.6
	体积	10^6（km^3）	1370.3	723.7	337.7	291.9	17.0
		%	100	52.8	24.7	21.3	1.2
H.梅纳尔德等 （1966）	面积	10^6（km^2）	362.0	181.3	94.3	74.1	12.3
		%	100	50.1	26.0	20.5	3.4
	体积	10^6（km^3）	1349.9	714.4	337.2	284.6	13.7
		%	100	53.0	24.9	21.1	1.0
K.A.兹沃纳列夫 （1972）	面积	10^6（km^2）	361.3	178.7	91.6	76.2	14.8
		%	100	49.4	25.4	21.1	4.1
	体积	10^6（km^3）	1338.2	707.1	330.1	284.3	16.7
		%	100	52.9	24.7	21.2	1.2
O.K.列昂节夫 （1974）	面积	10^6（km^2）	361.9	178.7	91.2	76.8	15.2
		%	100	49.5	25.5	20.9	4.1

第二章　太平洋——喜怒无常的王者

[一、太平洋]

世界上最大、最深、边缘海和岛屿最多的一个大洋。太平洋位于亚洲、大洋洲、美洲和南极洲之间。北端以白令海峡与北冰洋相连；南抵南极洲；东南以南美洲南端合恩角（67°16′W）至南极半岛（61°12′W）的连线同大西洋分界；西南边与印度洋分界线，一般认为它是下面这样一条假想线：始于马六甲海峡北端，沿苏门答腊岛、爪哇岛、努沙登加拉群岛南岸，到新几内亚岛（伊里安岛）南岸的布季，越过托雷斯海峡与澳大利亚的约克角的相连，从澳大利亚东岸到塔斯马尼亚东南角、直至南极大陆的经线（146°51′E）。总面积为17868万平方千米，平均深度为3957米，最大深度为11034米（位于马里亚纳海沟中），体积为7.071亿立方千米，均居各大洋之首。

太平洋拥有大小岛屿万余个，岛屿总面积为440多万平方千米。其中的新几内亚岛是太平洋中最大的岛屿，仅次于格陵兰岛，居世界第二。流入的河流有美

洲的育空河、哥伦比亚河和科罗拉多河以及亚洲的长江、黄河、珠江、黑龙江和湄公河等。

太平洋东西海岸类型明显不同：东海岸的山脉走向与海岸平行，岸线平直陡峭，大陆架狭窄；而西海岸自北向南分布着一系列的岛弧，岛屿错列，岸线曲折，陆架宽广。

1. 地质地形

地形与构造　根据洋底地形与地质构造上的特点，可将太平洋分为东区、中区和西区三部分。

东区是指皇帝海岭、夏威夷海岭、莱恩海岭和土阿莫土海岭以东的地区。明显的构造特征是东太平洋海隆和纬向断裂带。东太平洋海隆始于南纬60°、西经60°处，向西至西经130°附近转向北，大致平行于美洲海岸向北延伸，直至阿拉斯加湾，长达1.5万千米，高2～3千米、宽约2000～4000千米，约占太平洋总面积的1/3。海隆以东伸展着次一级的海岭，如智利海岭、纳斯卡海岭、加拉帕戈斯海岭等。东区还发育着另一种构造活动带——纬向断裂带，长达数千千米，宽约100～200千米，两旁垂直高差达数百乃至数千米，并有现代火山活动。主要的断裂带自北向南有：门多西诺、先峰、默里、莫洛凯、克拉里恩、克利珀顿、加拉帕戈斯等。

中区从皇帝海岭、夏威夷海岭、莱恩海岭和土阿莫土海岭向西，到千岛、日本、马里亚纳海沟、汤加海沟和克马德克海沟这条连线为止。这里是太平洋盆地中较古老而稳定的地区。在沉陷的盆地上发育着一系列西北—东南向的火山山脉，其中主要有夏威夷海岭、莱恩海岭和土阿莫土海岭，连成一条纵贯太平洋南北的海底山脉。海底山脉把太平洋海盆分割成若干次一级的深海盆地，以皇帝海岭和夏威夷海岭为界，以东是东北太平洋海盆（属东区），水深为4000～6000米，最大深度为7168米；以西是西北太平洋海盆，平均水深为5700米，最大深度为6229米。中太平洋海山、莱恩群岛与马绍尔群岛之间为中太平洋海盆，水深一般为5000～5500米，最大水深为6370米。中太平洋海盆以南，南极-太平洋海岭

深度(m)
津轻海峡
日本海
日本海沟
马卡罗夫海山
夏威夷群岛
科连特斯角

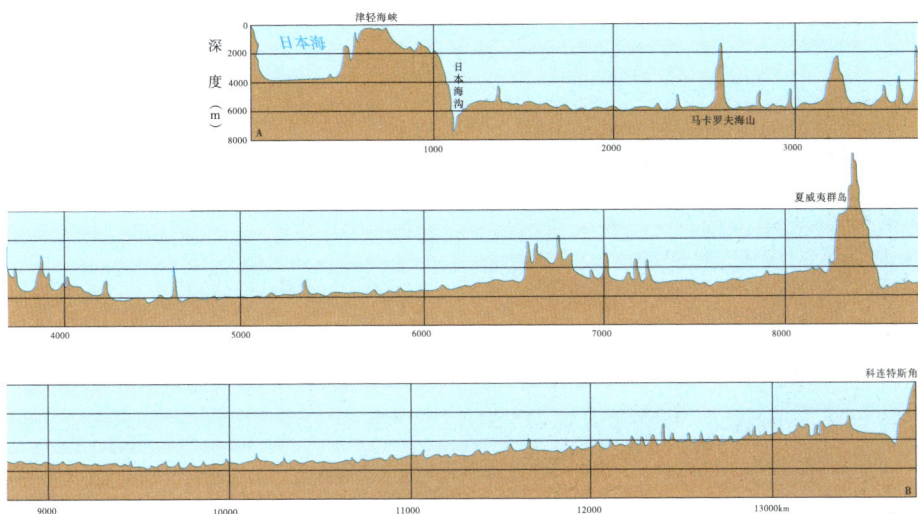

北太平洋东西向洋底地形剖面

以北为西南太平洋海盆，其水深为 4500 ~ 6000 米，最大水深为 8581 米。

西区指完整的海沟-岛弧-边缘海地带。海沟和岛弧是成对出现的，岛弧一般平行地分布于海沟靠陆地一侧。

世界大洋中水深大于 6000 米的深海沟有 20 条分布在太平洋的边缘。著名的海沟有：千岛海沟、日本海沟、伊豆-小笠原海沟、马里亚纳海沟、帕劳海沟、琉球海沟、菲律宾海沟、新赫布里底海沟、汤加海沟、克马德克海沟、阿留申海沟、秘鲁-智利海沟等。

火山与地震 按照板块构造理论，大洋地壳是在大洋中脊处诞生，在海沟地带消亡。东太平洋海隆不断扩张，是生成新洋壳的地方，因而隆顶有频繁的地震、火山和热液出现，为高热流地带。沉积物的年代不早于晚白垩世，厚度不超过数十米。海沟是大洋地壳消亡的地带，也是地球表面最活跃的地质构造带，多地震和火山。全球约 85% 的活火山和约 80% 的地震集中在太平洋地区。太平洋东岸的美洲科迪勒拉山系和太平洋西缘的花彩状群岛是世界上火山活动最剧烈的地带，活火山多达 370 多座，有"太平洋火环"之称，地震频繁。

深海沉积 太平洋洋盆中沉积物按其组成可分为褐黏土、生源沉积物、浊流

日本境内的绿色火山湖

沉积物、海底火山沉积物等，其中生源沉积物及褐黏土几乎占据整个大洋盆地。但是，南、北太平洋中的褐黏土组成不相同。北太平洋中的褐黏土富集陆源矿物石英、云母和伊利石等。南太平洋的褐黏土含有丰富的自生矿物钙十字沸石和蒙脱石，是由火山物质经海水溶解而成。

生源沉积物中含有大量硅质和钙质的生物残骸，分别称硅质和钙质软泥。硅质软泥中大部分是由硅藻壳和放射虫的骨骼组成。硅藻软泥分布在南、北半球的高纬度海区，而放射虫软泥只分布在赤道附近的狭长地带。钙质软泥主要分布在北纬9°以南、4500米以浅的洋底上。在4500米以深，碳酸钙的溶解度加大，致使下沉的钙质介壳溶解殆尽。钙质软泥中所含的生物壳体主要是有孔虫、翼足虫和颗石藻。翼足虫仅散布在斐济群岛附近和澳大利亚以东的海区。颗石藻只分布在赤道附近。

2. 气候

赤道无风带　在北半球的夏季，无风带位于赤道以北5°～10°，东北信风和东南信风在这里辐合上升，风力微弱。气候炎热，气温在 26℃以上，最高温度出现在菲律宾以东的洋面，5 ～ 9 月份气温可到 29℃以上。由于这里的水温高于气温，空气对流旺盛，年降水量可达 1000 ～ 2000 毫米，东部巴拿马湾附近高达 3000 毫米。

副热带静风区和信风带 约位于南、北纬 30°～ 35°，常年为太平洋高压控制。由于气流下沉，绝热增温，风力弱，故称静风区。气候干燥，天空晴朗，雨量稀少；南太平洋高压带比较稳定，北太平洋高压带的位置随季节变化较大，夏季可向西北延伸至北纬 40°，冬季后退至北纬 20° 附近。

在副热带高压带下沉的气流，向赤道方向运动，在地球偏转力的作用下，形成东北（北半球）和东南（南半球）信风。信风的风力、风向都较稳定，属性干燥。因此，在信风带内蒸发强烈，降水量小。在信风带西部，由于受欧亚大陆上气压系统的影响，信风场遭到破坏，这里盛行偏北和偏南季风。在太平洋西部，在南北半球的 5°～ 25° 常有热带气旋发生。

西风带 约位于副热带高压带与南、北纬 60° 之间。由于盛行西南（北半球）和西北（南半球）风而得名。在南太平洋的西风带内，风向稳定，风力强大，常有 18 米 / 秒以上的大风，故有"咆哮西风带"之称。北太平洋西风带的情况有所不同。冬季，太平洋西部盛行干燥寒冷的西北风，而东部则盛行西南风。因此，大洋西部较东部寒冷。

在西风带内，温度随纬度的增加迅速下降。在北半球的冬季，北纬 60° 附近平均气温约为 -10℃，南纬 60° 附近约 5℃；而在北半球夏季时，北纬 60° 附近的平均气温可达 8 ～ 10℃，南纬 60° 附近约为 0℃。阿留申低压所控制的范围内，雨雪很多，为北太平洋上的最大降水区；而南纬 45°～ 50° 内也为云和降水的高值区。西风带也是太平洋上的多雾地区。

极地东风带 在极地下沉的气流受地转偏向力作用，在南极大陆边缘形成偏东风，称为极地东风带。这里全年都是冰天雪地，除夏季少数几天外，温度都在零度以下。

3. 水文特征

表层环流　在信风和西风的作用下，在南、北太平洋洋面上形成一个以南北副热带为中心的环流。北太平洋的环流是由北赤道流、黑潮、北太平洋流和加利福尼亚海流构成的顺时针循环；南太平洋的环流则由南赤道流、东澳大利亚海流、西风漂流和秘鲁海流组成的逆时针循环。在两个环流之间是向东流的赤道逆流。

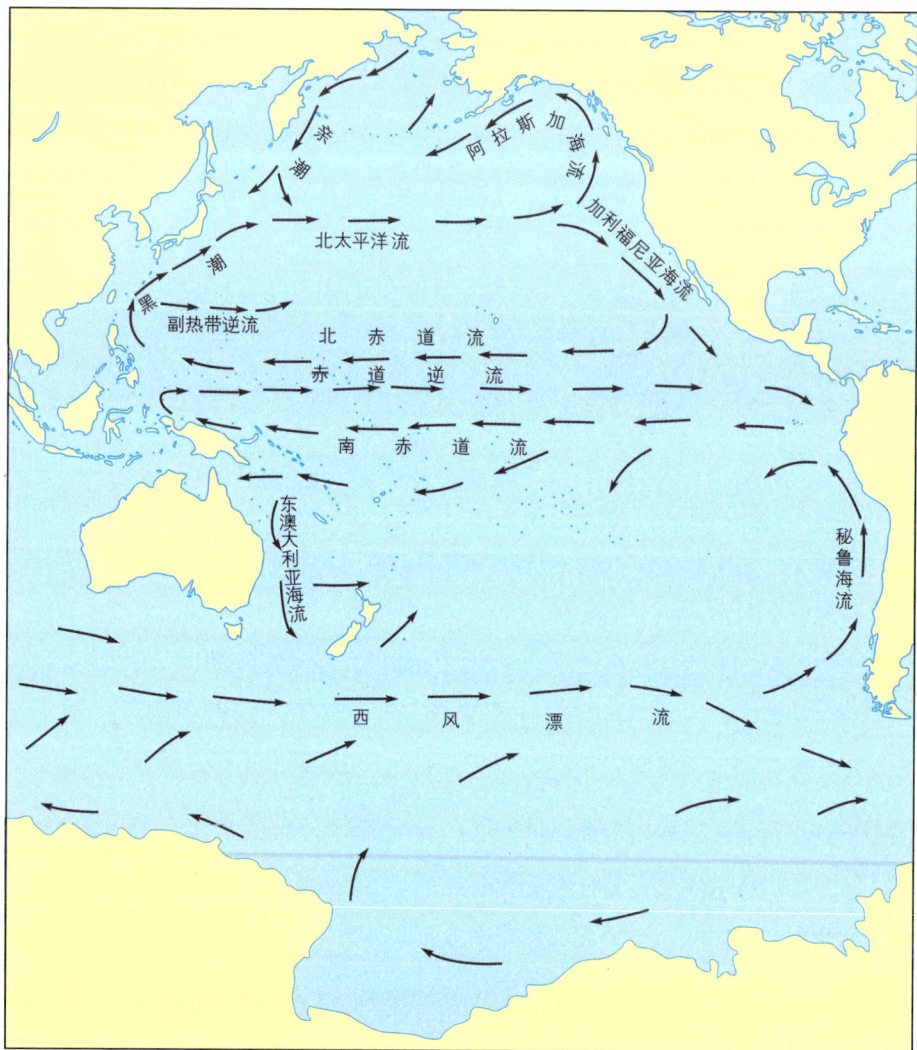

太平洋表层环流示意图

在北太平洋的亚北极海区，还有由阿拉斯加海流、亲潮和北太平洋流构成的逆时针环流；但南太平洋的亚南极海区因无大陆阻挡，只有环绕南极大陆的南极绕极环流。绕极流靠近南极大陆部分，出现向西流动的极地东风漂流。

太平洋赤道流系是由东南和东北信风引起的自东向西的海流。在北半球夏季（8 月份）时，北赤道流位于北纬 10°～20°；南赤道流位于北纬 3°～4° 和南纬 20° 之间；赤道逆流位于北纬 3°～4° 和北纬 10° 之间，冬季其边界略向南移动。

北赤道流的平均流速为 20～30 厘米 / 秒，平均流量为 $45×10^6$ 米 ^{3}/ 秒；南赤道流 8 月份的平均流速为 50～60 厘米 / 秒，流量为 $50×10^6$ 米 ^{3}/ 秒。

太平洋赤道逆流位于南北赤道流之间。北赤道逆流西起菲律宾外海，东至巴拿马湾，横贯太平洋，长达 1.5 万千米，宽约 300～700 千米，平均流速为 40 厘米 / 秒，平均流量为 $45×10^6$ 米 ^{3}/ 秒，最大流速为 150 厘米 / 秒，是世界大洋中最强大的赤道逆流。南赤道逆流起源于所罗门群岛附近的海面上，向东可达秘鲁外海，几乎与北赤道逆流对称分布，海流西强东弱，最大流速约为 10 厘米 / 秒。

赤道流系属于表层流系，其厚度约为 100～300 米，在赤道附近最浅，向副热带地区增厚，其下有强大的温跃层，将温暖的表层水与其下的冷水分开，跃层以下的流速大大减弱。

在赤道区的南赤道流下面发现一支次表层流——赤道潜流。太平洋赤道潜流又称克伦维尔海流，位于南、北纬 2° 之间，其核心位置通常位于温跃层之上，最大厚度约为 200 米，宽约 300 千米，像一条很薄的带子从菲律宾外海向东直至科隆群岛（加拉帕戈斯群岛）附近，全长约 1.4 万千米。海流的核心深度随温跃层一起从西端向东上升，在西经 140° 处约为 100 米深，到西经 100° 处只有 40 米深。核心的最大流速为 100～150 厘米 / 秒，流量约为 $40×10^6$ 米 ^{3}/ 秒，在科隆群岛（加拉帕戈斯群岛）附近减少为 $3×10^6$ 米 ^{3}/ 秒。

南北赤道流到达大洋西部后，一部分汇入赤道逆流，大部分转向高纬一侧，沿着大陆的边缘，在狭窄的地带内以更大的速度向极地流动，分别形成了黑潮和东澳大利亚海流，成为太平洋西部边界流。

黑潮是由北赤道流在吕宋岛以东转变而成。流经东海，主干则从吐噶喇海峡再进入太平洋，并沿着日本群岛向东北流，成为北太平洋中最强大的海流。

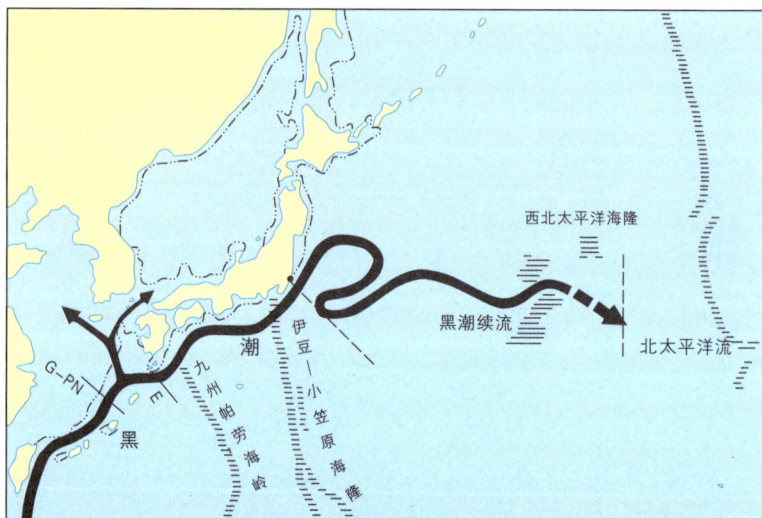

黑潮系统示意图

　　东澳大利亚海流是南赤道流进入珊瑚海后形成的。它沿着澳大利亚大陆架的边缘向南流。在南纬25°附近，流幅变窄，厚度加大，由于来自东北边的热带水不断加入，其势力加强，形成较强的海流。

　　太平洋西风漂流是由盛行西风所维持的海流，它分别构成了南、北副热带环流的南缘和北缘，北太平洋的西风漂流又称为北太平洋流；南太平洋的西风漂流是南极绕极流的表层部分，它从海面扩展到海底，是世界上最大的海流。北太平洋流在接近美洲海岸时分成两支：南支形成加利福尼亚海流，北支转变为阿拉斯加海流。

　　西风漂流的一部分沿着南、北美洲海岸向赤道方向运动，形成大洋东部的海流，即北太平洋的加利福尼亚海流和南太平洋的秘鲁海流，构成副热带环流的东翼，至此完成了环流的闭合循环。海水来自中纬度海区，温度低；沿岸地区出现上升流现象，海水中营养盐丰富、生物产量高。在赤道信风带减弱西风加强时，赤道暖水越过南纬5°向南可到达秘鲁沿岸附近，这使许多不适应这种环境的鱼类

大量逃走或死亡，造成秘鲁渔业严重减产，同时伴有大雨洪水泛滥，给这个通常干旱的地区带来了灾难。当地居民把这种暖水入侵所引起的现象称之为厄尔尼诺。

深层环流和水团　太平洋表层水以下的水团，基本结构与各大洋相同，可分为上层水、中层水、深层水和底层水。

上层水又可分为中央水、赤道水和亚极地水三种类型。中央水是在副热带辐聚带下沉形成的。它下沉到表层以下 200 ～ 300 米的深度上，向赤道方向散布。北太平洋中央水的盐度为 35.0，南太平洋的为 36.0。南、北中央水团之间为赤道水团，其范围在大洋东部从北纬 20° 到南纬 18° 之间，向西逐渐变窄，盐度为 34.60 ～ 35.15。中央水团的高纬一侧为亚极地水。亚南极水由分布在副热带辐聚带和南极辐聚带之间的海水混合形成，盐度为 34.20 ～ 34.40。大量的亚南极水沿着南美洲的西海岸北上，其影响可达赤道海区。亚北极水位于北纬 45° 以北，由亲潮水与黑潮水混合形成，盐度为 33.0 左右，海水由西向东运动，在美洲大陆西岸转向南，在北纬 23° 附近与赤道水相遇。赤道水和表层水之间有一强大的跃层，限制了海水的垂直交换。

中层水位于太平洋上层水团之下，具有盐度最小值的特征，海水在中纬度海面下沉并向赤道方向扩展为两个低盐水舌。南极中层水团是海水在南极辐聚带下沉形成的，在源地处其温度约为 2.2℃，盐度约为 34.0，下沉到 800 ～ 1000 米的深度向北流动，可达南纬 10° 附近，同时由于与其上下的水团混合，盐度增大。北极中层水的势力与南极中层水的势力相当，可到达北纬 15° 附近。

深层水和底层水是指在南极辐聚带以北，从 2000 米到海底的这一水层。温度为 1 ～ 3℃，盐度为 34.65 ～ 34.75，且盐度随深度略有增加或者不变。

温度和盐度　太平洋表面水温分布随着纬度的增加而降低，最高值发生在赤道地区。特别是在西部，平均温度为 27 ～ 29℃，因此称为赤道暖池区。北半球冬季时，两个半球的 0℃ 等温线分别位于北纬 55° 和南纬 66° ～ 67° 附近，北半球夏季时，则分别位于北纬 65° ～ 68° 和南纬 60° ～ 62°。

在热带和副热带海区，大洋西部的水温高于东部；在北半球的中纬度海区，西部的水温比东部低，这主要是由于东西两边的洋流性质不同以及季风和上升流

的影响。

太平洋的年平均表面水温为19℃，较大西洋高2℃，是世界上最温暖的大洋。这主要是太平洋的热带和副热带区域最广，以及白令海峡限制了北冰洋冷水的流入所致。

表层以下，在热带和副热带海区，大约在0～100米的水层之内为一均匀层，向下温度随深度的增加迅速下降，这一温度垂直梯度很大的水层，称为温度正跃层。温跃层之下，温度随深度的增加逐渐减少，从2000米到洋底，温度几乎呈均匀状态；从副热带向极地，温度随深度增加缓慢地下降；在极地海区，从海面到海底，温度差不大。

表面盐度从赤道向两极呈马鞍形分布。赤道附近地区，表层海水被淡化，出现低盐区，盐度为34.5左右。南、北副热带海区，蒸发作用使表面海水的盐度增加，这里成为南、北太平洋盐度最高的区域，北太平洋的盐度达35.0，南太平洋达36.0。从副热带向两极地区盐度又减少。受融冰和结冰的影响，最低的盐度出现在高纬度海区中，在北半球盐度减小到33.0以下，南半球减小到33.5左右。在太平洋的边缘区域，受江河淡水的影响，盐度也会降低。表层以下盐度的垂直分布，取决于水团的配置，在不同的纬度带内有不同的盐度垂直结构。

海浪 受盛行风的影响，有明显的纬度区带性和季节性。冬季是北太平洋海浪最强的季节，在北纬40°附近的洋面上，大涌（≥6级，波高>4米）出现率最大可达50%以上，向赤道方向减弱，在北纬15°以南，大浪少见，大涌出现率为5%左右。浪向：在北纬20°～25°以北，多为西和西北向，以南多为东北向。夏季，海浪大为减弱，除菲律宾群岛东北的局部洋面上，大涌出现率可达10%以上外，其余洋面约在5%以下。浪向：北纬45°以北，偏西或西南向较多，北纬45°以南，浪向较乱。

南纬40°～50°的洋面上，常年为大浪区。大涌出现率为30%～40%，向北逐渐减弱，赤道附近在5%以下。浪向：赤道至20°S的洋面上，多为东或东南向，从25°S向南，西南向居多。

潮汐 半日潮的主要分潮（M_2）共有6个无潮点，其位置从南而北，分别位于圣弗朗西斯科（旧金山）西面、科隆群岛（加拉帕戈斯群岛）西面、圣诞岛东南、所罗门群岛附近、复活节岛和新西兰东北。在这些点附近，振幅最小，而在阿拉斯加湾沿岸、南美洲南端沿岸和日本南面海域等处，振幅最大。全日潮的主要分潮（K_1）的无潮点共有 4 个，分别位于 25°N、175°E，5°S、170°W，10°S、140°W 和 45°S、160°W 附近。K_1 分潮的最大振幅发生在加拿大以西海域。

太平洋中各处的潮汐类型也不相同。在赤道与南纬 40° 之间的大部分地区，大洋中部的岛屿、巴拿马湾、阿拉斯加半岛、东海和澳大利亚东海岸为正规的半日潮，阿留申群岛东南、新几内亚（伊里安岛）东北岸、加罗林群岛等

浙江温岭江厦潮汐电站

地为正规的日潮，其余地区都为混合潮。特别应当指出塔希提岛的潮汐现象，那里高潮几乎都发生在每天的午夜和中午，而低潮都发生在早晚六时，有太阳潮之称。太平洋中的潮差（岛屿附近除外）为 1 米左右，最大潮差发生在大陆岸边，如品仁纳湾为 13.2 米，仁川 10 米，杭州湾 8 米。

4. 资源

生物　海洋动物包括浮游动物、游泳动物、底栖动物等，种类比大西洋的多 2～3 倍。浮游植物主要是单细胞的小型藻类，它们遍布于太平洋水深 60～100 米的近表层内。其数量随纬度并环绕大陆成带状分布，在热带和副热带海区数量较少，至温带海区增多，高纬度海区又减少；大洋区数量少，浅海地区数量多。另外，在上升流区和寒暖流交汇处浮游植物大量繁殖。热带和副热带海区浮游植物量虽然不如温带海区高，但种类比温带海区多。所以，太平洋中狭暖水种和暖

水种占优势，冷水种较少。现已知分布于太平洋的浮游植物有 380 余种，主要为硅藻、甲藻、金藻和蓝藻等。底栖植物由各种大型藻类和显花植物组成，大多附着在水深为 30～50 米的海底岩石上，较大西洋的底栖植物丰富。大多数古老的藻类都生存于太平洋中。

太平洋热带海区动物种属特别丰富。由此向南和向北种属减少，例如马来群岛已知鱼类有 2000 多种，东海有 500 多种，日本海约有 600 种，鄂霍次克海和白令海只有 300 余种。南极海域磷虾储量约有 10 亿吨以上，是未来世纪蛋白质的重要来源。

鹦鹉螺

太平洋还有许多古老和特有的种属，如海胆纲的许多古代种属、剑尾鱼的原始种属、原始的海星和鹦鹉螺等。龙梭鱼、鲑科鱼类等为北太平洋海区特有种属。

太平洋的水产资源极为丰富。20 世纪 60 年代中期以来，太平洋的渔获量一直居世界各大洋之首，其主要渔场有西太平洋渔场、秘鲁渔场和美国-加拿大西北沿海渔场。这里盛产鲱鱼、沙丁鱼、鲑鱼、比目鱼、金枪鱼、狭鳕鳀鱼和带鱼等。除鱼类之外，白令海的海豹、赤道附近的抹香鲸、堪察加及中美洲沿岸的蟹以及虾类、贝类等都极为丰富。

矿产 太平洋的矿产资源，其中最主要的是海底石油。其他正在进行勘探和开发的矿物有金、铂、金刚石、金红石、锆石、钛铁矿、锡、煤、铁、锰等。

在太平洋深海盆地上发现大量锰结核矿层，其分布范围、储藏量和品位都居各大洋之首。主要集中在夏威夷东南的广大海区。目前美国、日本、德国、法国和中国等正在进行勘探和试采，是未来极有前途的矿产资源。

交通运输 太平洋在国际交通上具有重要地位。有许多条联系亚洲、大洋洲、北美洲和南美洲的重要海、空航线经过太平洋；东部的巴拿马运河和西南部的马六甲海峡，分别是通往大西洋和印度洋的捷径和世界主要航道。太平洋在世界海运中的地位仅次于大西洋，约占世界海运量的20%以上。海运的大宗货物有石油、矿石及谷物等。

太平洋沿岸港口众多，亚洲主要有符拉迪沃斯托克（海参崴）、釜山、大连、天津、上海、广州、香港、海防、新加坡、雅加达、东京、横滨、神户、大阪等；大洋洲有悉尼、惠灵顿等；南、北美洲有温哥华、西雅图、旧金山、洛杉矶、巴拿马城、瓜亚基尔等。太平洋中的一些岛屿是许多海、空航线的中继站，具有重要战略意义，如夏威夷群岛、中途岛、关岛、西萨摩亚群岛、斐济群岛等。

太平洋第一条海底电缆是1902年由英国敷设的，英国在太平洋的海底电缆共长12550千米。1905年美国在太平洋敷设的海底电缆共长14140千米。从香港有海底电缆通往马尼拉、胡志明市和哥打基纳巴卢。在南美洲沿海各国之间也有海底电缆。

[二、渤海]

深入中国大陆的近封闭型浅海。南、北、西三面环陆，东面以北起辽东半岛南端的老铁山角、南至山东半岛北端的蓬莱角一线与黄海分界。

渤海东北—西南向纵长约555千米，东西向宽约346千米，面积为7.7万平方千米，平均深度为18米，最深处仅70米（位于老铁山水道西侧）。在临近中国的诸海中，面积最小、深度最浅。海区北、西和南面分别为辽东湾、渤海湾和莱州湾。主要岛屿有庙岛群岛、长兴岛、凤鸣岛和菊花岛等。注入渤海的河流主要有黄河、海河、滦河和辽河等，年径流总量达888亿立方米，其中黄河的年径流量约占1/2。

地质地形 渤海是中国近海大陆架上的浅海盆地，由于黄河等河带来大量泥沙堆积，所以深度较浅。深度小于30米的海域占总面积的93%。海底地势平坦，地形类型单一，全海域海底地形可分为5部分：

渤海海峡位于辽东半岛南端的老铁山角与山东半岛北端的蓬莱角之间，南北

辽东湾冬季的浮冰与卫星图像

宽约 105 千米。海峡北部的老铁山水道，是黄海海水进入渤海的主要通道。由于过水断面窄、流急，海底被冲刷出一条 U 形深槽。深槽北端分布着指状排列的 6 道水下沙脊，通称"辽东浅滩"。

辽东湾位于长兴岛与秦皇岛一线以北。该湾是个处于两条大断裂之间的地堑型凹陷，中部地势平坦，东西两侧比较复杂。在沙质海滩外围有与海岸平行的水下沙堤。河口大多有水下三角洲。辽东湾东侧有一长约180千米的水下谷地，是沉溺于海底的古辽河河谷。

渤海湾和莱州湾是渤海西、南部的两个凹陷区，之间被黄河三角洲隔开，地形平缓单调。渤海湾北部为深水区，有一条由潮流作用而形成的水下谷地；莱州湾在蓬莱以西有大片沙质浅滩与沿岸沙嘴。黄河口外有巨大的水下三角洲发育。

中央盆地位于三个海湾与渤海海峡之间，是一个北窄南宽、近似三角形的盆地，中部低而东北部稍高，构造上是一个地堑型凹陷。

渤海第四纪沉积厚度达300～500米。沉积物主要来自河流携带入海的陆源物质。辽东湾以粗粉砂、细砂为主，渤海湾以软泥（粉砂和黏土质）为主，莱州湾则以粉砂质占优势。辽东浅滩上分布着分选良好的细砂，海峡北部海底为砾石、粗砂等残留沉积物。盆地中心为分选良好的细砂。

渤海为中、新生代沉降盆地，基底是前寒武纪变质岩。中部地壳厚度为29千米，向四周增厚至31～34千米。继中生代沉陷发育阶段之后，古近纪渤海地区开始新的断裂下沉，形成一系列湖泊与洼地。晚第三纪，全海区大规模下沉。中央盆地系上第三系沉积中心，新生代沉积厚度近万米。晚第四纪时，渤海有数次海侵，直至晚更新世末与全新世初，由于气候转暖，世界洋面普遍上升，海水从渤海海峡大量涌入，形成了现代的渤海。

气候　受季风影响，海区冬季干寒而夏季湿暖。冬季，主要受亚洲大陆高压和阿留申低压活动的影响，多偏北风，平均风速6～7米/秒。1月，6级以上大风频率超过20%，强偏北大风常伴随寒潮发生，风力可达10级，气温剧降，间有大雪，是冬季主要灾害性天气。春季，受中国东南低压和西北太平洋高压活动的控制，多偏南风，平均风速4～5米/秒。夏季，大风多随台风和大陆出海气旋而产生，风力可达10级以上，且常有暴雨和风暴潮伴生，是夏季的主要灾害性天气。渤海海峡是本海区内的大风带，风力通常比其他区域大2级左右。

渤海气温变化具有明显的"大陆性"，1月平均气温为-2℃，4月为7～10℃，

渤海伏季休渔期结束，渔民纷纷驾船出海

蓬莱海市蜃楼

7 月为 25℃，10 月为 14 ～ 16℃，年较差达 27℃。年降水量为 500 毫米左右，其中一半集中于 6 ～ 8 月。4 ～ 7 月多雾，尤以 7 月最多。平均每年有 20 ～ 24 个雾日，且东部多于西部。春夏季节，渤海沿岸（如蓬莱）有时会出现"海市蜃楼"的奇景。

环流 环流和水系大体是由高盐的黄海暖流余脉和低盐的渤海沿岸流组成。除夏季外，从海峡北部入侵的黄海暖流余脉，一直向西延伸到渤海西岸，受海岸阻挡而后分成南、北两股：北股，沿辽西近岸北上，并且与循辽东沿岸南下的辽东沿岸流构成一顺时针方向的弱环流；南股，在渤海湾沿岸转折南下，汇入自黄河口沿鲁北沿岸东流的渤海沿岸流，从海峡南部流出渤海。夏季，辽河冲淡水受东南风影响，沿辽西沿岸南下，而黄海暖流余脉于海峡西北分出一股循辽东沿岸北上，构成一逆时针方向的弱环流；另一股则继续向西，于鲁北沿岸汇入渤海沿岸流，然后一并向东流出渤海。渤海环流的变化受制于气候条件，冬强而夏弱。通常流速只有 10 厘米 / 秒左右，冬季稍强，有时可达 20 厘米 / 秒。冬季，黄河径流量甚小，对本区水文分布影响不显著；夏季洪期（6～8 月）可携带大量泥沙入海，在黄河口附近形成一指向东北的混浊冲淡水舌。其西分支则沿渤海湾向西北扩展，经海河口达南堡一带，这对渤海湾顶的淤积至关重要。

温度和盐度　渤海的水温分布受周围陆地和气候的影响十分显著。冬季，水温在垂直方向均匀分布；在水平方向上，等温线分布略与海岸线平行，自中部向四周逐渐递减，同时因受黄海暖流余脉的影响，东部水温高于西部。1 月水温最低，三大海湾的水温均低于 -1℃，且于每年 1～2 月出现短期冰盖，此时深水区表面水温为 0～2℃。夏季，表面水温分布较均匀。8 月，莱州湾和渤海湾水温最高，沿岸区可达 28℃，而辽东湾东南部一些海区水温可以低于 24℃。表层水温的年变幅达 28℃左右。夏半年，出现明显的海水分层现象，特别在海峡附近的深水区，上层为高温低盐，下层为低温高盐，二者之间出现强跃层。

渤海盐度很低，年平均值仅 30.0，东部略高，平均约 31.0，近岸区只有 26.0左右。盐度的分布变化主要决定于渤海沿岸水系的消长。冬季，沿岸水系衰退，等盐线大致与海岸平行。由于黄海暖流余脉的高盐水舌向西延伸范围扩大，本区盐度分布为东高西低。盐度的垂直分布像水温分布一样，呈均匀状态。夏季表层盐度随入海河川径流量的增加而降低。8 月海区中部盐度尚不到 30.0，河口区常低于 24.0。洪期，黄河冲淡水舌可及渤海中部，盐度仅 22.0 左右，透明度不足 2 米，但在此低盐水舌之下仍为高盐水所占据。近年来，由于黄河水量锐减，渤海盐度有升高趋势。

海冰　冬季,渤海由于强寒潮频繁侵袭、水温降低而出现结冰现象。自 11 月中、下旬至 12 月上旬，沿岸从北往南开始结冰；翌年 2 月中旬至 3 月上、中旬由南往北海冰渐次消失，冰期约为 3 个多月。1～2 月，沿岸固定冰宽度一般在距岸 1 千米之内，而在浅滩区宽度约 5～15 千米，常见冰厚为 10～40 厘米。河口及滩涂区多堆积冰，高度有的达 2～3 米。在固定冰区之外距岸 20～40 千米内，流冰较多，分布大致与海岸平行，流速为 50 厘米 / 秒左右。

据历史记载，渤海近 50 年来曾发生过三次严重冰封：第一次发生在 1936 年冬季；第二次发生在 1947 年 1～2 月；最严重的一次大冰封发生在 1969 年 2～3 月。

海浪　以风浪为主，具有明显的季节性。10 月至翌年 4 月盛行偏北浪，6～9 月盛行偏南浪。风浪以冬季为最盛，波高通常为 0.8～0.9 米，寒潮侵袭时可达 3.5～6.0 米。周期多半小于 5 秒。1 月平均波高为 1.1～1.7 米。夏秋之间，偶有大于 6.0 米的台风浪。海浪以渤海海峡和中部最大，平均为 0.8～1.9 米。辽东湾和渤海湾较小。渤海的多年平均波高多为 0.1～0.7 米。

潮汐和潮流　渤海具有独立的旋转潮波系统，其中半日潮波（M_2）有两个，全日潮波（K_1）有一个。半日分潮占绝对优势。渤海海峡因处于全日分潮波"节点"的周围而成为正规半日潮区；秦皇岛外和黄河口外两个半日分潮波"节点"附近，各有一范围很小的不规则全日潮区。其余区域均为不规则半日潮区。潮差为 1～3 米。沿岸平均潮差，以辽东湾顶为最大（2.7 米），渤海湾顶次之（2.5 米），秦皇岛附近最小（0.8 米）。海峡区的平均潮差约为 2 米。潮流以半日潮流为主，流速一般为 50～100 厘米 / 秒，最强潮流见于老铁山水道附近，达 150～200 厘米 / 秒，辽东湾次之，为 100 厘米 / 秒左右；最弱潮流区是莱州湾，流速约为 50 厘米 / 秒。

生物和矿产　生物区系属北太平洋区东亚亚区，为暖温带性，以温带种占优势，有一定数量的暖水种成分。鱼类区系是黄海区系的组成部分，共有鱼类约 150 种，其中暖温带种占半数以上，暖水种次之。主要经济鱼类有小黄鱼、带鱼、黄姑鱼、鲥鱼、真鲷和鲅鱼等。浮游生物区系属北太平洋温带区东亚亚区，多为广温、低盐种。最重要的浮游生物资源是中国毛虾，产量居中国临近各海区首位。

底栖动物属于印度-西太平洋区系的暖水性成分。虾、蟹和双壳类软体动物，密布于三大海湾。其中最著名的是对虾。三疣梭子蟹的产量也居中国临近各海区之冠。主要经济贝类有毛蚶、大连湾牡蛎、蛤类、贻贝及扇贝等。另外，还盛产名贵的刺参。渤海沿岸因多泥滩和沙滩，植物区系组成种类贫乏，其中以沿岸种占优势。底栖植物资源主要是海带、紫菜和石花菜等。近几年因黄河流量锐减，近岸污染加剧，生物生产量下降。

小黄鱼

渤海湾

渤海是华北盆地的新生代沉降中心，发育有产状较平缓的近万米新生代沉积层，含油气远景大。

[三、黄海]

中国大陆与朝鲜半岛之间，全部为大陆架所占的浅海。因古黄河曾自江苏北部沿岸汇入黄海，海水含沙量高，水呈黄褐色，因而得名。西面和北面与中国大陆相接，西北面经渤海海峡与渤海相通，东邻朝鲜半岛，南以长江口北岸的启东嘴与济州岛西南角连线同东海相接。

黄海东部和西部岸线曲折，岛屿众多。山东半岛为港湾式沙质海岸，江苏北部沿岸则为粉砂淤泥质海岸。主要海湾西有胶州湾、海州湾，东有朝鲜湾、江华

1979 年（左）、2000 年（右）的黄海与黄河三角洲景象

湾等。主要岛屿有长山列岛以及朝鲜半岛西岸的一些岛屿。注入黄海的主要河流有淮河水系诸河、鸭绿江和大同江等。

山东半岛深入黄海之中，其顶端成山角与朝鲜半岛长山串之间的连线，将黄海分为南、北两部分。黄海面积约 38 万平方千米，平均深度 44 米，最大深度位于济州岛北侧，为 140 米。

地质地形 海底地势比较平缓，地貌呈多种形态。北部（胶州湾以北）中央略偏东处，有一狭长的水下洼地（又称黄海槽），自济州岛伸向渤海海峡，深度自南向北逐渐变浅。洼地东面地势较陡，西面较平缓。北部从鸭绿江口到大同江口之间的海底，分布着大片呈东北走向的潮流脊。在北纬 38° 以南的黄海两侧，还分布有宽广的水下阶地。黄海南部的海底发育着大型潮流脊群。它们是在古黄河-古长江复合三角洲的基础上，经潮流的长期冲刷而成。苏北沿岸潮流脊群南北长约 200 千米，东西宽约 90 千米，由 70 多个大小沙体组成。

表层沉积物为陆源碎屑物，局部地区有残留沉积。沿岸区以细砂为主，间有砾石等粗碎屑物质。东部海底沉积物主要来自朝鲜半岛，西部系黄河和长江的早期输入物。中部深水区是泥质为主的细粒沉积物，主要是黄河输入的物质。

黄海基底由前寒武纪变质岩系组成。北部属于中朝准地台的胶辽隆起带，在第三纪时基本上处于隆起背景。南黄海在新生代时经受了大规模的断陷，接受了巨厚的沉积。海域内的主体构造走向为北北东，由大致平行相间排列的隆起带与拗陷带（盆地）组成。胶辽隆起带和南黄海-苏北拗陷带构成了黄海的海底构造骨架。晚近地质时期以来，黄河、长江带来丰富的泥沙填没了构造拗陷、水下谷地，从而形成了现在宽广、平坦的大陆架。第四纪以来冰期、间冰期更迭交替、海面频繁升降，使大陆架多次成陆，又多次受到海侵。最后一次海侵是在距今 2 万～1.5 万年间开始的。距今 6000 年左右，海面才上升到接近现在的位置。

气候　受季风影响，黄海冬季寒冷而干燥，夏季温暖潮湿。10 月至翌年 3 月，盛行偏北风，北部平均风速 6～7 米/秒；南部平均风速 8～9 米/秒。常有冷空气或寒潮入侵，强冷空气能使黄海沿岸急剧降温。4 月为季风交替季节。5 月，偏南季风开始出现。6～8 月，盛行南到东南风，平均风速 5～6 米/秒。常受来自东海北上的台风侵袭。黄海海区 6 级（10.8～13.8 米/秒）以上的大风，四季都有出现，但以冬季强度大，春季次数多。

黄海平均气温 1 月最低，为 -2～6℃，南北温差达 8℃；8 月最高，平均气温全海区 25～27℃。平均年降水量南部约 1000 毫米，北部为 500 毫米；6～8 月为雨季，降水量可占全年的一半。冬、春季和夏初，沿岸多海雾，尤以 7 月最多。黄海西部成山角至小麦岛，北部大鹿岛到大连，东部从鸭绿江口、江华湾到济州岛附近沿岸海域为多雾区。其中成山角年平均雾日为 83 天，最多一年达 96 天。最长连续雾日有长达 27 天的记录，有"雾窟"之称。

环流　从整体来看，黄海海流微弱。表层流受风力制约，具有风海流性质。黄海环流主要由黄海暖流（及其余脉）和黄海沿岸流组成。黄海暖流是对马暖流在济州岛西南方伸入黄海的一个分支，它大致沿黄海槽向北流动，平均流速约 10 厘米/秒。它是黄海外海水的主要来源，具有高盐（冬季兼有高温）特征。当它进入黄海北部时已成为余脉，再向西转折，经老铁山水道进入渤海时，势力已相当微弱。

黄海沿岸流是黄海沿岸流系（西朝鲜沿岸流、辽南沿岸流、苏北沿岸流等）

中的一支，具有低盐（冬季兼有低温）特征。流速小于 25 厘米 / 秒。它上接渤海沿岸流，沿山东半岛北岸东行，绕过成山角后沿 40 ～ 50 米等深线南下，在长江口北转向东南，其前锋有时可达北纬 30° 附近。流幅变化随区域而异：山东半岛北岸流幅较宽，可达 50 余千米；在成山角一带，流幅变窄，流速增大，越过成山角后流速剧减；自海州湾往南，流速又渐增，至北纬 34° 附近，增至 25 厘米 / 秒左右。黄海暖流和黄海沿岸流构成气旋式的流动，流向终年比较稳定，流速夏弱冬强。夏季的北黄海，此气旋式的流动因黄海冷水团密度环流的出现而趋于封闭。

水团 沿岸水团、渤黄水团、黄海水团和黄海冷水团是黄海最基本的 4 类水团。黄海沿岸水团系指黄海沿岸 20 ～ 30 米等深线以内的水体。其中主要有北黄海沿岸水、西朝鲜沿岸水、苏北沿岸水和长江冲淡水。沿岸水的共同特征是：盐度终年较低（大多数低于 32.0）、海水混浊，水团的水平范围夏大而冬小，但厚度是夏浅而冬深。

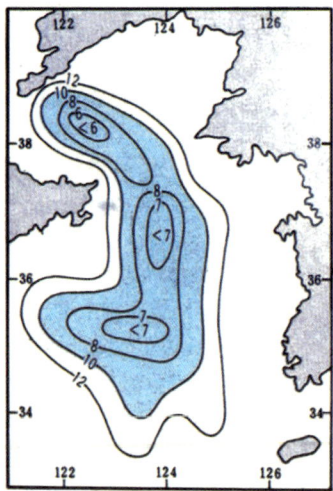

黄海冷水团底层温度平面分布
（单位：℃）

黄海水团分布在沿岸水团之外的黄海整个区域，其南端可进入东海。它是由进入黄海的外海水与沿岸水混合后，在当地水文气象条件的影响下形成的水团。冬半年（11 月至翌年 3 月），水团呈垂直均匀状态，温度为 3 ～ 10℃，盐度为 32.0 ～ 34.0。夏半年（4 ～ 10 月），由于增温降盐作用，出现明显的跃层。黄海水团被跃层明显地分为上、下两层。上层为高温（25 ～ 28℃）、低盐（31.0 ～ 32.0）水，厚度为 15 ～ 35 米，仍然称为黄海水团；下层为低温（6 ～ 12℃）、高盐（31.6 ～ 33.0）水，称为黄海冷水团。黄海冷水团以成山角至长山串连线为界，被分成南、北两个部分。黄海冷水团的边缘部分，夏季形成气旋式密度环流。环流速度自冷中心向外逐渐增大，最大值为 20 ～ 30 厘米 / 秒。

温度和盐度　黄海的温度、盐度地区差异显著，季节和日变化较大。由南向北，由中央向近岸，温度、盐度几乎均匀地下降。海区东南部，表层年平均温度为17℃，盐度通常大于32.0；北部鸭绿江口，表层年平均温度小于12℃，盐度一般小于28.0，为全海区盐度最低处。冬季，随着黄海暖流势力加强，高温高盐水舌一直伸入黄海北部，形成温、盐度近岸较低（温度0～5℃，盐度31.0～33.0）、中部较高（温度4～10℃，盐度32.0～34.0）的态势。温度、盐度的垂直分布均匀一致。夏季，上层水的温度升至最高，全区盐度普遍降低。表层水温南部略高于北部。表层盐度，中部约为31.0，鸭绿江口和长江口外形成低盐（盐度分别小于23.0和小于5.0）水舌。

　　黄海温跃层最强而盐跃层最弱。温跃层主要是海面增温和风混合引起的季节性跃层，即"第一类跃层"，有时也出现"双跃层"。盐跃层主要由两种温盐性质不同的水团叠置形成，即"第二类跃层"。黄海的温跃层，4～5月开始出现，跃层深度多在5～15米；7～8月，达到最强，深度一般小于10米；9月以后开始衰退，到11月则基本上消失。强温跃层区位于北黄海中部和青岛外海。强盐跃层区出现在长江冲淡水区和鸭绿江口外。

　　潮汐和潮流　自南部进入黄海的半日潮波与山东半岛南岸和黄海北部大陆反射回来的潮波互相干涉，在地转偏向力的影响下，形成了两个逆时针旋转的潮波系统。无潮点分别位于成山角以东和海州湾外。黄海大部分区域为规则半日潮，只有成山角以东至朝鲜大青岛一带和梅州湾以东一片海区，为不规则半日潮。潮差东部大于西部。海区东部潮差一般为4～8米，仁川港附近最大可能潮差达10米，是世界闻名的大潮差区之一。海区西部潮差一般为2～4米（成山角附近不到2米），但江苏沿海部分水域潮差较大，平均潮差可达3.9米以上；最大可能潮差，在小洋口近海为6.7米，长沙港北为8.4米。

　　潮流，除烟台近海和渤海海峡等处为不规则半日潮流外，其他区域为规则半日潮流。海区东部流速大于西部。强潮流区位于朝鲜半岛西端的一些水道，曾观测到最大流速为4.8米/秒；其次为西北部的老铁山水道，最大流速达2.5米/秒以上。吕泗、小洋口及斗龙港以南水域，潮流亦较强。

海浪 北部一般以风浪为主，南部则多见涌浪。从 9 月至翌年 4 月，海区以北浪为主。6～8 月，海区以南浪占优势。风浪秋冬两季最大，浪高为 2.0～6.0 米；当强大寒潮过境时，浪高有时达 3.5～8.5 米。春、夏季风浪稍小，一般为 0.4～1.2 米。如有台风过境，浪高则可达 6.1～8.5 米。夏季台风来临时在南黄海西部沿岸曾观测到 8.5 米的波高。大浪区出现在成山角和济州岛附近海区。黄海的涌浪，夏、秋季大于冬季，浪高一般多为 0.1～1.2 米，受台风侵袭时，可出现 2.0～6.0 米的涌浪。

生物和矿产 黄海的生物区系属于北太平洋区东亚亚区，为暖温带性，其中以温带种占优势，但也有一定数量的暖水种成分。海洋游泳动物中鱼类占主要地位，共约 300 种。主要经济鱼类有小黄鱼、带鱼、鲐鱼、鲅鱼、黄姑鱼、鳓鱼、太平洋鲱鱼、鲳鱼、鳕鱼等。此外，还有金乌贼、日本枪乌贼等头足类及鲸类中的小鳁鲸、长须鲸和虎鲸。浮游生物，以温带种占优势。其数量一年内有春、秋两次高峰。海区东南部，夏、秋两季有热带种渗入，带有北太平洋暖温带区系和印度-西太平洋热带区系的双重性质。基本上仍以暖温带浮游生物为主，多为广温性低盐种，种数由北向南逐渐增多。最主要的浮游生物资源是中国毛虾、太平洋磷虾和海蜇等。在黄海沿岸浅水区，底栖动物在数量上占优势的主要是广温性低盐种，基本上属于印度-西太平洋区系的暖水性成分。但在黄海冷水团所处的深水区域，则以北方真蛇尾为代表的北温带冷水种群落为主。底栖动物资源十分丰富，最重要的是软体动物和甲壳类。经济贝类资源主要有牡蛎、贻贝、蚶、蛤、扇贝和鲍等。经济虾、蟹资源有对虾（中国对虾）、鹰爪虾、新对虾、褐虾和三疣梭子蟹。棘皮动物刺参的产量也较大。黄海的底栖植物可划分为东、西两部分，也以暖温带种为主。西部冬、春季出现个别亚寒带优势种；夏、秋季还出现一些热带性优势种。底栖植物资源主要是海带、紫菜和石花菜等。黄海生物种类多，数量大，形成烟台-威海、石岛、海州湾、连青石、吕泗和大沙等良好的渔场。

南黄海盆地有巨厚的中、新生代沉积，具有很好的油气资源远景。其他矿产资源主要有滨海砂矿，现已进行开采。山东半岛近岸区还发现有丰富的金刚石矿床。

[四、东海]

濒临中国大陆的边缘海，又称东中国海。西邻中国大陆，北以长江口北岸的启东嘴和济州岛西南角连线与黄海相接，东北部以济州岛—五岛列岛—长崎半岛南端连线为界，并经对马海峡及朝鲜海峡与日本海相通。东以九州岛、琉球群岛和台湾诸岛连线与太平洋相隔。南以福建、广东省交界的东山岛南端至台湾猫鼻头连线与南海为界。面积约77万平方千米，平均深度约为370米，最大水深2719米（位于台湾东北方的冲绳海槽中）。

东海有众多岛屿和海湾。沿岸的最大海湾为杭州湾。流入东海的河流主要有长江、钱塘江、闽江、瓯江和浊水溪等。其中以长江的径流量最大。

地质地形　海底自西北向东南呈台阶式加深。台湾与五岛列岛连线西北侧基本上属于大陆架浅海区，东南侧则为大陆坡和海槽半深海区。

东海大陆架面积约占总面积的2/3，是世界上最宽的大陆架之一。海底向东南缓倾。杭州湾以北，有一个规模巨大的水下三角洲平原，一直北伸到海州湾。在水深100～110米、120～140米和150～160米等处，均残留有古海岸线的遗迹。从长江口水下三角洲向外，沿断裂带发育有长江古河道遗迹。大陆坡位于大陆架东南侧外缘，水深150～1000米，底部是冲绳海槽，呈北东向走向，北浅南深。海槽两坡陡峭，剖面呈U形，

杭州湾跨海大桥

沿坡发育有水下峡谷，峡谷出口处堆积有海底扇。谷底平缓，海底具有火山喷发形成的海山。

海底沉积自西向东分为与海岸线平行的三个带。近岸为细粒沉积物带，由粉砂、泥质沉积物等组成；中间粗粒沉积物带，由砾石、中砂、细砂等组成，其中细砂面积最大；外海为细粒沉积物带。济州岛西南有泥质的细粒沉积物，呈椭圆形分布。冲绳海槽底部为一片黏土质泥。东海海底火山沉积物分布极广。琉球群岛附近的沉积物则以砂、砾石、珊瑚及石枝藻等为主。

海底地质构造大致由三个隆起带（浙闽隆起带、东海陆架边缘隆褶带和琉球岛弧带）和两个拗陷带（东海陆架拗陷带和冲绳海槽张裂带）所组成。有三个主要地震活动带，即台湾东部-琉球群岛强地震带（环太平洋地震带的一部分，活动频繁，震级较高）、台湾西部海域地震带和福建沿海地震带。陆架边缘隆褶带产生于第三纪，成为大陆架的边缘堤坝，阻拦了各大河搬运来的泥沙，使之沉积在西侧的陆架拗陷带内，形成黄、东海堆积型大陆架。冲绳海槽内发育正断层和地堑构造，热流值很高。海槽南部地壳厚度仅 15 千米。

气候　东海海区纵跨副热带和温带。冬季主要受亚洲大陆高压的控制，夏季主要受中国东南部低压和太平洋西北部高压的影响。

冬季，大部分海面以北、东北风为主，平均风速 9～10 米/秒，北部济州岛附近是强风速区；寒潮侵袭时，冷锋过后常出现 6～8 级北到东北大风，并伴有明显降温。影响东海的温带气旋，大部分生成于台湾以东和以北海面，然后向东北方向移动，以冬、春季节出现最频。严冬时，东海在黑潮及对马暖流流经处，海面大量失热，向大气的输热量平均可达 1000 卡/（厘米^2·日）以上。此时，由丁海洋向冷气团输送大量热能，气团明显变性。

夏季，整个海区以南风和偏南风为主，平均风速较弱，仅 5～6 米/秒。此时，影响中国近海的热带气旋多取道东海北上。平均每年通过强台风和台风 5～6 个，最多年可达 14 个。一般在 4～11 月都有通过，但以 6～9 月最多。夏季绝大部分海区均自大气得热。

冬季，南北海面气温差异甚大，可达 14℃。夏季，全海区气温分布较均匀，

舟山群岛

约 26 ~ 29℃。气温年变幅南小北大，分别为 10℃和 20℃。

年降水量为 1000 ~ 2000 毫米。琉球群岛附近可达 2000 毫米以上。春、夏两季为雾期，以 6 月雾日最多。舟山群岛到长江口以及济州岛附近海域为多雾中心。

环流 渤海、黄海、东海流系大体上构成一气旋式环流，而东海环流是其中最重要的部分。主要海流近似地呈指向东北方的带状分布。东部有黑潮主干、对马暖流、黄海暖流，以及位于黑潮主干和琉球群岛之间、流向西南的黑潮逆流；西部有台湾暖流、东海沿岸流等。在对马暖流－黄海暖流西侧形成一气旋式小环流。

流经台湾东岸和东海的黑潮，是整个环流的主体。其主干大致沿着大陆坡流动。厚度约 800 ~ 1000 米，由表层、次表层、中层和深底层水 4 个水团组成。夏季，表层水最高温度可达 30℃，深底层水的最低温度约 4 ~ 6℃。最高盐度出现在次

表层（150～200米深处），约35.0。最低盐度出现在中层（600～700米深处），约34.2～34.3。黑潮的主要流向指向东北，具有显著的地转流性质。

黑潮的流轴比较稳定，除局部区域外，没有日本以南那样的"大弯曲"现象。但流速流量变化颇大。年际变化中，有7～9年的周期。季节变化中以春季最强，夏、冬季次之，秋季最弱。黑潮流速流量的这种变化，与北太平洋副热带中心区域的海面风应力涡度场有关。

黑潮不仅控制了几乎整个东海及邻近海域的水文分布，也对东海沿海水域的渔场变动、海雾消长、污染物漂移、海底沉积和生物区系的分布、舰船航行以及沿岸地区的气候变迁等有比较重要的影响。

对马暖流，一般认为是黑潮主干在九州西南海域分离出来，向北流动的一个分支。近十几年研究表明，对马暖流是一个多元结构：除黑潮外，台湾暖流、长江冲淡水和东海北部混合水对它都有影响。它大部分通过朝鲜海峡（西水道）进入日本海，夏秋季强而冬春季弱。

台湾暖流，靠近浙江、福建近海向北流动的一支高温高盐的海流。流速为20～30厘米/秒左右。夏季，台湾暖流上层水主要来自台湾海峡和台湾东北海区黑潮表层水，下层则来自台湾东北黑潮次表层水。来自台湾海峡的海水呈羽状向东海南部扩展，占据陆架水区的上层。底层因偏南风和台湾暖流所诱导的底埃克曼向岸流的存在，使近底层黑潮水更趋岸，强化浙江沿岸上升流；冬季则主要来源于黑潮。

水团 存在着三种水团：①沿岸水团，以长江冲淡水为主的、分布于近岸的低盐水。②黑潮水团，是高盐外海水系。进一步又可分为黑潮表层水、次表层水、中层水和黑潮底层水。③混合水团，是上述两种水团的混合体。其中包含黄东海混合水团、东海表层水团、东海黑潮变性水团和东海次表层水团。东海北、中部也受到黄海冷水的影响。

温度和盐度 表层水温的年变幅南小（7～8℃）北大（17～18℃）。冬季，西部浙闽沿岸是南下的东海沿岸流和北上的台湾暖流交汇处，西北部温度较低（常低于10℃），水平梯度大。东部黑潮流域为高温区，暖水舌轴处水温可达

20～22℃。东北部对马暖流的暖水舌伸向西北，来自黄海的冷水舌则伸向东南。浅水区和深水区的上层，水温垂直分布均匀；深水区的下层，则成层分布。夏季，沿岸水温急剧上升，除长江口时有低盐高温水舌伸向东北外，全海区海面温度接近均匀分布（27～29℃）。20～30米层以下，温度水平梯度逐渐显著，层化亦较强。济州岛西南和台湾北方的冷水体（"冷涡"），东海西南部趋于封闭的高温、低盐水体（"暖涡"），其间有一条西南至东北走向的强温度梯度带。这些分布都反映了夏季环流结构和涡旋特征。

盐度分布主要取决于长江入海径流量的多寡和黑潮外海高盐水的盛衰。冬季，近岸处盐度最低可在31.0以下，黑潮水域高达34.7以上。垂直均匀层厚约100米。北部对马暖流－黄海暖流的高盐水舌与黄海低盐水舌之间，西部浙闽沿岸低盐水与台湾暖流高盐水之间，存在明显的锋面。夏季洪水期，河口附近最低盐度约5.0～10.0，冲淡水舌可延伸到济州岛附近。由于台湾暖流高盐水和黄海低盐水的前锋可分别自南、北方楔入到冲淡水之下，所以长江口大沙滩及济州岛西南附近，盐度分布极为复杂。

东海沿岸均在低盐水系控制之下，故盐跃层占主导地位。长江口外附近，一年四季均有盐跃层存在，夏季浅而强度大。

潮汐和潮流　潮波系统主要由太平洋上引起的谐振动组成。自太平洋进入东海的潮波，除小部分向西南进入台湾海峡外，绝大部分向西北传播，形成了东海和黄渤海的潮汐振动。东海主要分潮是 M_2 半日潮波，它以台湾北端为中心作逆时针旋转。大部分海区具有前进波性质。进入浙江沿海和台湾海峡的潮波，因受海岸和来自南海半日潮波的影响，带有驻波性质。大部分海域的 K_1 全日潮具有驻波性质，但在台湾海峡中却呈前进波性质。东海潮差东侧小，西侧大。琉球群岛附近和九州沿岸一带，潮差大多为2米。有的海湾（如有明海）最大潮差可达5米以上。浙闽沿岸大部分海区潮差可达4～5米，其中杭州湾最大潮差可达9米，钱塘江涌潮为举世奇观。东海潮流远岸区较弱，近岸区增大。浙闽沿岸的最大可能流速一般约1.5米/秒。长江口、杭州湾和舟山群岛附近，为中国沿海潮流最强区域，最大流速可达3.0～3.5米/秒或以上。九州西岸岛屿罗列，潮流亦甚强，有些海峡中的流速也可达 3.0 ～ 3.5 米 / 秒。

海浪　风浪的波高一般为 0.8 ～ 1.9 米，全海区年平均波高几乎均在 1 米以上。寒潮及台风来临时，波高常为 2.0 ～ 6.0 米，有时可达 6.1 ～ 11.0 米。特别是强寒潮侵袭时，东海中心区域的最大波高可大于 11.0 米。风浪较大区域有济州岛附近、长江口外和嵊泗列岛附近、闽浙交界沿岸海区和台湾海峡等。涌浪较风浪为频，波高一般为 0.4 ～ 1.2 米，寒潮和台风侵袭时可出现 2.0 ～ 6.0 米的涌浪。在台风季节曾观测到 10 米以上的波高。

生物和矿产　东海鱼类约 600 多种。带鱼、大黄鱼、小黄鱼是最主要的经济鱼类。马面豚、鲐鱼、蓝圆鲹等也多。长江口以南的无针乌贼（俗称墨鱼，属头足类）产量也很高。西部鱼类区系属印度-西太平洋热带区的中-日亚区，暖水性种约占半数以上。著名的舟山渔场、鱼山渔场、温台渔场和闽东渔场都在这里；东部鱼类区系属印度-西太平洋热带区的印-马亚区，多为礁栖种类，还有一些大型中上层鱼类，暖温性种很少。

浙闽沿岸海域，浮游生物区系属北太平洋温带区东亚亚区，以暖温带种为主，受台湾暖流影响的区域还出现亚热带和热带种。主要种类有强状箭虫和刺冠双凸藻等。浮游生物的分布与沿岸水的扩展范围吻合。夏季，长江冲淡水指向济州岛方向，近岸种（如中华假磷虾、海龙箭虫等）也随之向东北浮游。冬季沿岸水南流时，浙闽沿岸增加了来自黄海中部的温带种（如太平洋磷虾、中华蚤水蚤等）。东海外海、台湾浅滩东南和台湾海峡北部水域浮游生物区系属印度-西太平洋热带的印-马亚区，均以热带种占优势（冬季除外）。主要种类在东部深水区有肥胖箭虫、短刺角毛藻等。

东海浮游有孔虫主要分布在黑潮及其分支所流经的高温高盐水域。敏纳圆辐虫可作为这流系的指标种。浮游生物的分布也受上升流的影响。例如，东海陆架外缘附近处曾采集到黑潮深层水中所特有的蚤水蚤类，这是黑潮深层水入侵到陆架外缘底层的一个证据。

盛夏时，在黑潮、长江口以东和舟山群岛等水域的表层中，蓝藻类的细束毛藻、红束毛藻等有时会大量繁殖，以致形成赤潮，对渔业有重要影响。

底栖动物以暖水种占压倒优势。西部区系属印度-西太平洋热带区的中-日亚区，沿岸浅水区大部分种类是常见的广温低盐性的暖水种。在江浙近岸形成了毛蚶-织纹螺丰富群落。舟山群岛以南沿岸，热带和亚热带性成分增多；在水深大于 50～60 米的外陆架区，狭温狭盐性的热带种显著增加。优势种是骑士章海星、尖刺劈蛤、单列羽螅等；东部区系属印度-西太平洋热带区的印-马亚区。黑潮区域，热带性成分增大。琉球群岛附近，造礁珊瑚发达。冲绳海槽底部有明显深海动物的特征；长江口至济州岛-对马岛附近水域是北太平洋温带区系和印度-西太平洋热带区系的交汇处。软体动物的双壳类和甲壳动物的虾类占重要地位。产量较大的有牡蛎、贻贝、蚶、蛤和缢蛏等。此外，三疣梭子蟹和锯缘青蟹产量也较大。

底栖植物以藻类为主，西部区系属印度-西太平洋区的中-日亚区，闽江口以北以暖温带种为主，优势种有花石莼、昆布等。闽江口以南以亚热带种为主；东部区系属印度-西太平洋热带区的印-马亚区，琉球群岛以及台湾南部附近海区，以热带

毛蚶

种为主；九州西岸海区以亚热带种为主。沿海的底栖植物资源丰富：浙闽沿岸产量较大的有浒苔、海带、昆布、裙带菜、紫菜、石花菜和海萝等。闽江口以南，海产种子植物特别是红树林亦较丰富。

东海拗陷带（包括南、中、北部三凹陷）含油气远景甚佳。南起台湾海峡，北到对马海峡，含油气远景区总面积可达 25 万平方千米。冲绳海槽张裂带也可能具有一定的含油气远景。此外，沿海一带蕴藏着具有良好开发前景的动力资源，如潮汐能、潮流能等。

[五、南海]

中国近海中面积最大，水最深的海区。位于西太平洋的西端。临近中国大陆东南方，纵跨热带与副热带、热带海洋性气候显著的海域。北靠中国华南大陆，东邻菲律宾群岛，南界加里曼丹岛和苏门答腊岛，西接马来半岛和中南半岛。

东北部经台湾海峡与东海相通，东北经巴士海峡与太平洋相连，东南部经民都洛海峡、巴拉巴克海峡与苏禄海相通。南部经卡里马塔海峡、加斯帕海峡与爪哇海相邻，西南经马六甲海峡与印度洋相接。面积约350万平方千米，平均深度约1212米，最大深度为5377米。北部湾和泰国湾为南海西部的大型海湾。注入南海的主要河流有珠江、韩江以及红河、湄公河和湄南河等。

地质地形　南海是西太平洋的边缘海之一。自岸向海盆中心呈阶梯状下降。

大陆架北部宽度在 200 千米左右，最宽处可达 300 千米，大陆架上主要是珠江等河流带来的陆源沉积物，以泥质为主，外陆架主要为沙质沉积物。南部大陆架包括马来西亚、印度尼西亚诸岛和中南半岛之间的区域，为巽他陆架的一部分。大陆架上底质主要为近代粉沙和黏土，属堆积型；东部和西部狭陡，属堆积-侵蚀型。坡折处深度为 150 米左右。

大陆坡位于大陆架的外侧，水深为 150～3500 米。北部大陆坡由西北向东南逐级下降，在不同深度的台阶上分布着东沙群岛、西沙群岛和中沙群岛；南部大陆坡宽广，分布有南沙群岛和南沙海槽。吕宋岛陆架外侧，仁牙因湾以北有深约 3200 米的北吕宋海槽等。大致与吕宋岛海岸平行的马尼拉海沟（16°41′～10°N），长约 350 千米，沟底宽约 10 千米，最深达 5377 米。

中央盆地大致位于中沙和南沙群岛的大陆坡之间，长约 1600 千米，宽约 530 千米。北部平均深度约 3400 米，南部平均深约 4200 米。深海平原上矗立着一些孤立的水下海山，一般高出海底 500～900 米。个别如宪法暗沙，高达 3000 米以上，黄岩岛高出海底约 4000 米。中央盆地底质主要为颗粒极细的棕色抱球虫软泥，含有火山灰。

南海位于东北向的环太平洋构造系与西北向的古地中海构造系的交接处。分界线为红河-莺歌海深大断裂。断裂的东北侧构造线为东北向，西南侧为西北向。南海是在欧亚板块、太平洋板块和印度洋-澳大利亚板块三大板块交会的地方。中央盆地的莫霍面深度一般为 10 千米左右，属大洋型地壳。陆架区以及西沙、中沙群岛等地区，莫霍面深度为 24～30 千米，属大陆型地壳。

气候　典型的季风气候区。冬季盛行东北季风，夏季盛行西南季风。影响南海的北方冷空气大体有三条路径：第一条路径越过南岭进入南海，这对珠江口以东的海面影响最大；第二条路径沿青藏高原东侧南下，入侵北部湾和琼州海峡；第三条路径从黄、东海通过台湾海峡或巴士海峡进入南海。影响南海的灾害性天气系统主要是台风，约有 49.5% 来自菲律宾以东洋面，约有 50.5% 是在南海生成。每年活动在南海海面上空的台风平均 10 个左右。南海生成的台风大多数是向北和西之间移动。南海是台风暴潮的多发区。

南海纬度偏低，终年高温。1月平均气温15～26℃，7月28℃左右。年降水量一般1000～2000毫米。北部有干季和雨季之分，11月至翌年3月为干季，蒸发量超过降水量；5～10月为雨季，降水量超过蒸发量。海区南端无真正的干季，一年各月的降水量均超过蒸发量。10月至翌年1月为明显的雨季。海雾主要出现在北部湾和北部沿岸区域，时间在12月至翌年4月间，以3月最盛。

环流　南海季风漂流发达。西南季风期间，来自爪哇海和南海南部的海水，经越南外海向东北流动，至台湾岛南部以南，一部分流入黑潮，一部分经台湾海峡流入东海。在越南沿岸，漂流强化，流速超过50厘米/秒以上，流量约为$3×10^6$米³/秒，成为夏季南海的强流区。在广东沿岸，珠江口冲淡水随西南季风向东北流动。在吕宋岛西岸，有一支弱的北上流。此外，由于季风漂流不断将南海南部的海水向北输送，造成南部失水，海平面下降，北部增水，海平面升高。从而导致越南东南部一个反气旋涡生成：越南沿岸向东北流去海水，为了补充南部的失水，约在北纬11°～13°处顺时针方向转向西南倒流。

东北季风期间，受海面风力驱动，一部分黑潮水从巴士海峡进入南海；同时，部分东海沿岸水自台湾海峡进入南海，在南海西部形成一支纵贯南北的西南向漂流，该漂流亦在越南沿岸强化，流速可达100厘米/秒以上，最大流量约为$5×10^6$米³/秒，越南沿岸成为冬季南海的强流区之一。在南海东部有一支来自苏禄海的西北向海流，至海区中部变成西流，加入越南沿岸的主流。在加里曼丹东北部，有一支西北向流，与越南沿岸季风漂流汇合构成气旋式环流。所以，夏季南海表层主要为顺时针的水平环流，而冬季主要为逆时针的水平环流。两个环流的西半环为季风漂流，东半环则为补偿流。

在粤东汕头外海和台湾浅滩西南海域，即使在冬季强劲东北风作用下，除了表层漂流流向西南外，表层以深存在着稳定而较强的东北向逆风海流，又称南海暖流。

冬季黑潮的分支，经巴士海峡向西，沿北部陆坡向西南运动。夏季则大大减弱。

上升流分布很广，一年四季均有出现。尤其是在夏季西南季风期，越南东部的陆架边缘，海南岛东海岸，粤西、粤东沿岸等，都是上升流现象显著的海区。

水团 可分为沿岸冲淡水团、近岸混合水团、表层水团、次表层水团、南海次-中层混合水团、南海中层水团和南海深层水团。沿岸冲淡水团主要由入海径流和海水混合而成；近岸混合水团是沿岸冲淡水团和外海水混合而成；表层水团包括南海表层水和黑潮表层水两种，广泛分布于南海表层，包括上均匀层和部分跃层；次表层水团包括南海次表层水和黑潮次表层水两种，广泛分布于南海100～200米水层。黑潮次表层水则局限于巴士海峡西缘；南海次-中层混合水团是次表层水团与中层水之间混合水；南海中层水团几乎分布在南海整个海盆区域，其核心位于17°N以北；南海深层水团分布在1000米以下南海海盆区域。

温度和盐度 除了北部沿岸以外，表层水温终年很高，年平均表层水温粤东近海约22.6℃，邦加岛近海达28.6℃，南北相差较大。冬季，由于受来自台湾海峡的沿岸冷水入侵的影响，北部粤东海区最低月平均表层水温下降到15℃左右，水平梯度亦较大。其余大部海区表层水温仍高达24～26.5℃，南部大陆架区可高达27℃以上。陆架浅水区对流混合可及海底，水温垂直分布一致。但在深水区，温跃层仍较强，上均匀层厚度80～100米。夏季，海区北部约为28℃，南部约为30℃。只在海南岛东部、粤东以及越南沿岸，存在着几个范围不大的低温区，这是上升流的影响所致。

近岸区受入海径流影响，盐度较低，季节变化较大，变幅2～3。外海深水区的盐度分布为季风环流所左右，盐度较高，水平梯度较小，年变幅小于1。冬季，来自太平洋的高盐水舌，从巴士海峡进入，沿着北部陆坡伸向海区西南部。同时，在南海中部低盐水舌则向东北扩展，与上述高盐舌构成气旋式运动。夏季西南季风时，南海南部的低盐水舌沿着越南东岸、海南岛东部向东北扩展，而在加里曼丹北岸，则有高盐水舌向西南部移动。

此外，由于上升流的作用，在越南沿岸、粤东及海南岛东岸，下层高盐水升达海面附近，形成若干局部性的表层高盐区。

南海的跃层，在近岸区受冲淡水影响，盐跃层占优势，深水区由于性质不同的水团互相叠置则以温跃层为主。

潮汐和潮流　南海的潮汐主要是由太平洋经巴士海峡传来的谐振潮。大部分海区，潮型以不规则全日潮为主。北部湾、吕宋岛西岸中部、加里曼丹的米里沿岸、卡里马塔海峡和泰国湾附近海区为规则全日潮。巴士海峡、广东沿岸、越南中部沿岸及南部沿岸、马来半岛南端、加里曼丹西北沿岸，间或出现不规则半日潮区。北部湾湾口附近，存在着一个全日分潮（K_1）的旋转潮波系统。

南海潮差较小。粤西沿岸、北部湾、印支半岛和加里曼丹沿岸潮差较大，达4米以上。粤东近岸次之，约为3米。南海中部、吕宋岛西岸、越南中部沿岸潮差最小，仅2米左右。潮流较弱，速度小于50厘米/秒。只有北部湾和粤西沿岸潮流稍强，流速在100厘米/秒左右。琼州海峡中最大潮流流速可达250厘米/秒。

海浪　冬季盛行偏北浪，夏季盛行偏南浪。风浪较大，年平均波高大部分海区为1.5米左右，北部湾和泰国湾为0.5～1.5米，冬季以东北部和中部最大，平均约为2米。由此向南和东西两岸波浪减小。夏季大浪取决于西南季风和台风活动，有时会出现10米以上的波高。南海海浪平均周期为6～7秒，最长周期可达15秒或以上。

生物和矿产　南海北部的鱼类约有750种，以暖水性为主，暖温带种较少，无寒温带种。鱼类区系为亚热带性质，属于印度-西太平洋热带区的中-日亚区。南部的鱼类有1000余种，皆为暖水性。这些种主要分布在南海中部诸岛之间的热带区，向北到西沙群岛，为热带区系，属于印度-西太平洋热带区的印-马亚区。主要经济鱼类有蛇鲻、鲱鲤、红笛鲷、短尾大眼鲷、金线鱼、蓝圆鲹和钝头双鳍鲳等。此外，还有世界市场闻名的"中国鱿鱼"。

南海海蛇种类约有10种，数量亦不少。每年4～5月在万山群岛水域，9～10月在北部湾猬集，具有开发捕捞价值。南海是海龟活动的海区，海龟每年4～12月来南海诸岛产卵，尤以4～7月为繁殖盛季。习见种有海龟、玳瑁、嵩龟和棱皮龟等。海兽有豚类、鲸类。北部河口区常见有白海豚、海豚和儒艮等。中部海区常见到成群的海豚。

浮游生物种类繁多。上层水中生活的浮游生物具有热带大洋特性。北部沿岸浅水区，冬季受东北季风的影响，有暖温带种入侵。区系属印度-西太平洋热带区的印-马亚区。海盆深层水中生活的浮游生物种类稀少，生物量也很低。沿岸水域主要浮游生物资源有日本毛虾、红毛虾、锯齿毛虾、海蜇和黄斑海蜇等。

底栖动物种类丰富，但优势种的数量不大。北部沿岸浅水区基本上都是热带和亚热带浅海种，区系属印度-西太平洋热带区中-日亚区。南部，包括西沙、南沙群岛，底栖动物基本上都是典型的热带种，造礁珊瑚极其发达，区系属印度-西太平洋热带区印-马亚区。南海盆1000米以下的深水区底栖动物具有深海的特征，主要有：软体动物珠母贝、近江牡蛎、翡翠贻贝、日月贝和杂色鲍等，甲壳动物墨吉对虾、长毛对虾、中国龙虾、密毛龙虾、远游梭子蟹和锯缘青蟹等，以及棘皮动物梅花参、刺缘参、黑海参等。

南海沿岸分布众多的红树林，种类达20余种，大都出现在河口附近泥滩上。对沿海鱼类繁殖、岸滩保护具有重要作用。

底栖植物可分为南、北两区。北区为广东沿岸，由于受大陆气候影响，出现以亚热带种为主的代表种，区系属印度-西太平洋区的中-日亚区。南区为南海诸岛，主要为热带种，区系属印度-西太平洋区的印-马亚区。南海沿岸底栖植物资源丰富，经济海藻主要有羊栖菜、紫菜、江蓠、鹧鸪菜、麒麟菜和海萝等。

北部湾、莺歌海及珠江口等盆地内蕴藏着丰富的石油和天然气资源，南沙群岛海域的海底油气储量超过200亿吨，占整个南海油气资源的一半以上，有"第二个海湾"之称。

广西钦州市龙门港涨潮时七十二泾道中的红树林

[六、珊瑚海]

　　世界最大的海。位于太平洋西南部。西、北、东三面分别被澳大利亚大陆、新几内亚岛、所罗门群岛、新赫布里底群岛等环绕。向南开敞，一般以南纬30°线与塔斯曼海邻接。北部介于新几内亚岛与所罗门群岛之间的海域，又称所罗门海。北经托雷斯海峡与阿拉弗拉海相通。总面积479.1万平方千米，相当于北冰洋面积的2/5。

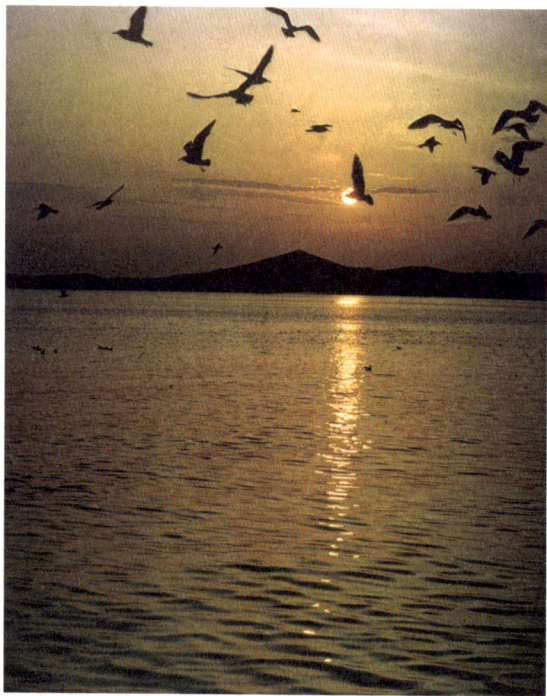

珊瑚海风光

　　海底自西向东倾斜，交错分布着若干海盆、海底高原和海底山脉。平均水深2394米。所罗门群岛和新赫布里底群岛内侧有一狭长深邃的新赫布里底海沟，是全海域最深的地方，最大深度9165米。海水总体积1147万立方千米，居世界各海之首。地处热带，气候湿热，最热月（2月）平均气温可达28℃。每年1～4月多台风。表层海水全年平均温度在20℃以上，盐度27～37。周围几乎没有较大的河流注入，海水洁净，呈深蓝色，透明度较高（约20米），有利于珊瑚虫生长。在大陆架和浅滩上，以及以岛屿和接近海面的海底山脉为基底，发育了庞大的珊瑚群体，构成众多的珊瑚岛礁，珊瑚海因此而得名。其中以澳大利亚大陆东北海岸的大堡礁最为著名，全长2000余千米，为世界上规模最大的珊瑚礁群。珊瑚海中多鲨鱼，故又有鲨鱼海之称。其他水产资源有鳗鱼、鲱鱼、金枪鱼、海参、龙虾和珍珠贝等。

[七、白令海]

　　太平洋最北部边缘海。介于亚洲与北美洲之间，西为俄罗斯西伯利亚东北部，东为美国阿拉斯加，南临阿留申群岛和科曼多尔群岛，北经白令海峡与北冰洋楚科奇海相通。

　　白令海峡最窄处宽85千米。亚洲、北美洲和俄、美两国的分界线以及国际日期变更线通过该海域。1724年7～8月和1741年6月丹麦航海家V.J.白令曾率队两次到此探险，并穿过白令海峡进入北冰洋，故名。海域轮廓略呈三角形，东西最宽处2380千米，南北长1580多千米，面积231.5万平方千米。平均深度1640米。东北部较浅，大陆架宽广，水深不足200米；西南部为水深3700～4000米的深水海盆，其中阿留申群岛以西最深可达5500米。主要海湾，西有阿纳德尔湾，东有诺顿湾和布里斯托尔湾。有阿纳德尔河及育空河注入。夏季北部海域水温5～6℃，南部海域9～10℃。海水盐度30～33。气候严寒，全年少晴朗天气，多风暴和雾，结冰期长达6～7个月。西北部沿岸为半日型潮，其他海

冬夜中的白令海海湾

域多为非正规半日型潮。布里斯托尔湾最大潮差可达8.3米。由于风急浪高，多雾和有浮冰，航行困难，全年通航期不足3个月（7～9月）。海洋资源丰富，有浮游植物160余种，以硅藻类海藻为主。鱼类300余种，主要有鲑、鲱、鳕、鲽、大比目鱼等。海兽有海豹、海獭、海象、海狮等。北部大陆蕴藏丰富的石油和天然气，海底有金、锡矿，但尚未开发。两岸重要港口有普罗维杰尼亚（俄）和诺姆（美）。

[八、鄂霍次克海]

太平洋西北部边缘海。位于亚洲大陆和千岛群岛、萨哈林岛（库页岛）之间。南经千岛群岛诸海峡连接太平洋，西和西南经鞑靼海峡和宗谷海峡（拉彼鲁兹海峡）与日本海相通。

南北最长 2460 千米，东西最宽 1480 千米，面积 160.3 万平方千米。海域北浅南深，平均深度 821 米。北部和西部大陆架宽广，最深处 3521 米（千岛海盆）。主要海湾有：舍利霍夫、阿尼瓦、捷尔佩尼亚及萨哈林湾。有黑龙江（阿穆尔河）注入。夏季表层水温 8～15℃，冬季 1.8～2℃，盐度 32.8～33.8。东、南部有暖流，北、西部有寒流（亲潮）。北部 10 月开始结冰，结冰期长达 280 天，冰厚 0.8～1 米；堪察加半岛和千岛群岛冰期不超过 3 个月。4～8 月多雾，冬季多暴风雪。大部海域为不规则全日潮，仅北部、西北部沿岸及尚塔尔群岛附近为不正规半日潮，潮差可达 12.9 米。海洋渔业资源丰富，以鲱、鲑、鳟、鲽等鱼类为主，堪察加半岛附近盛产海蟹，并有抹香鲸、海狮及海豹等海兽。主要港口有俄罗斯的马加丹、鄂霍次克、尼古拉耶夫斯克（庙街）、科尔萨科夫、北库里利斯克及日本的网走、纹别等。

千岛群岛鸟瞰

深海秘境探索之旅

[九、塔斯曼海]

太平洋西南部海域。位于澳大利亚东南部、塔斯马尼亚岛和新西兰之间。北为珊瑚海，西南经巴斯海峡与印度洋相连，东有库克海峡与太平洋相通。因荷兰航海家 A.J. 塔斯曼 1642 年航行于该海域而得名。

海域东西最宽处为 2250 千米，面积约 230 万平方千米。底部为塔斯曼海盆，最深处 5943 米。南赤道流和信风漂流在这里向南会合形成东澳大利亚海流，对澳大利亚海岸有重大影响。海域南部为温带气候，北部为亚热带气候。表层水温：冬季（8 月），北部 22℃，南部 9℃；夏季（2 月），北部 25℃，南部 15℃。海水盐度为 35。因地处西风带，塔斯曼海以其咆哮的风暴闻名。经济鱼类有鲔鱼、鲱鱼、旗鱼、飞鱼等。巴斯海峡东端吉普斯兰盆地有澳大利亚最大的近海油气田。沿岸主要港口有澳大利亚的悉尼、新西兰的奥克兰等。

[十、日本海]

亚洲大陆与日本群岛之间半封闭式的西北太平洋边缘海。朝鲜、韩国称"东海"。位于欧亚大陆东侧，周围环以萨哈林岛（库页岛）、北海道岛、本州岛、九州岛、对马岛和朝鲜半岛等。

经周边的鞑靼海峡（日本称间宫海峡）、宗谷海峡（俄罗斯称拉彼鲁兹海峡）、津轻海峡、关门海峡、对马海峡和朝鲜海峡 6 个海峡分别同鄂霍次克海、太平洋、濑户内海、东中国海、黄海等相通。海域呈不规则菱形，东北部狭窄，中、南部宽广。从东北向西南延伸长达 2200 千米，东西宽约 900 千米，最大宽度 1265 千米。海域面积约 100 万平方千米。地处深海盆，其平均深度为 1350 米，最大深度 3796 米。海底地形分为 3 部分：北纬 40°以北为日本盆地，是最深的部分，有一条南北方向狭长的鞑靼海槽；位于北纬 40°～44°的东南部为大和盆地，海底平坦；

北纬 40° 以南的西南部为对马盆地，海水最浅。该海域大陆架面积约 28 万平方千米，占海域总面积的 1/4 强。大陆坡分为 500 ～ 1000 米与 2000 ～ 3000 米两个海底斜面。3000 米以上的深海盆面积约 30 万平方千米。日本群岛一侧大陆架较宽，而朝鲜半岛与俄远东一侧则较窄，平均宽度为 30 千米，形成于新近纪初期至中期。海区属温带季风气候，表层水温自北向南递增，1 月平均水温为 -2 ～ 13℃，8 月为 18 ～ 27℃。海域东部有对马暖流以 926 ～ 1852 米 / 时的速度北上，并分别从津轻、宗谷海峡流向太平洋和鄂霍次克海。西部有利曼寒流以 370 米 / 时的速度沿西海岸南下。表层海水盐度为 33 ～ 34，海域年降水量北部为 600 毫米，南部为 1200 ～ 1500 毫米。潮汐作用较小，潮差一般为 0.2 ～ 0.4 米。日本一侧的秋田、新潟和萨哈林岛沿岸及对马海盆等大陆架区域均有石油、天然气埋藏。在寒、暖流前缘和沿岸河口附近，富浮游生物，水产资源丰富，盛产沙丁鱼、墨鱼、鲭鱼、大麻哈鱼等。随着东北亚各国间贸易的增长，该海域日益成为商业运输的航道。沿岸的主要港市有俄罗斯的苏维埃港、纳霍德卡、符拉迪沃斯扎克（海参崴）、斯拉夫扬卡、扎鲁比诺和波谢特等港，朝鲜的先锋、罗津、清津、金策、兴南和元山等港，韩国的束草、东海、浦项、蔚山、釜山和镇海等港以及日本的稚内、石狩、小樽、函馆、青森、秋田、新潟、松山、敦贺、舞鹤、鸟取、境港、滨田、下关、北九州和福冈（博多）等港。中国在图们江下游的防川内河港经恢复与建设，船只可依相关国际条约与协定经图们江口进出日本海海域。

日本海风光

[十一、阿拉弗拉海]

太平洋边缘海。在澳大利亚与新几内亚之间，西连帝汶海，西北通班达海与塞兰海，东部经托雷斯海峡沟通珊瑚海。

大部分海域基底是阿拉弗拉大陆架，为广阔的萨呼尔大陆架的一部分，深仅50～80米。海底向西倾斜，托雷斯海峡附近仅深11米，西部塔宁巴尔群岛以南深1190米，西北部弯曲的阿鲁海沟最深3680米，其上珊瑚生长层厚达610米。阿拉弗拉海尚有许多未经测绘和标明的浅滩，是航行中的危险地带，托雷斯海峡更是有名的危险航道。阿拉弗拉海近岸有大量珊瑚礁。海水温度25～28℃，盐度34～35，潮高2.5～7.6米。富贝类及其他海产。阿鲁群岛周围受保护的清洁海水中产珍珠，虽产量不高，但持续稳产。群岛东南部及沿海小岛已辟为自然保护区。

[十二、北部湾]

位于中国南海海域北部，故名。东起雷州半岛、琼州海峡，东南为海南岛，北至广西壮族自治区，西迄越南。面积约4.4238万平方千米。水深一般20～50米，最深不超过90米。

湾内海底平坦，由东北渐向西南倾斜，倾斜度不及2°。海潮每日发生一次，海流徐缓。流入北部湾的主要河流有中国的九州江、南流江、大风江、钦江、防城河、北仑河、昌江及越南的先安河、红河、马江等。主要港湾有中国的安铺港、铁山港、钦州湾、珍珠港、洋浦港及越南的下龙湾等。岛屿众多，主要为中国的涠洲岛、斜阳岛及越南的拜子龙群岛等。

北部湾位于北热带，年平均气温22.7℃。12月至翌年1月底层水温18～28℃，夏季27～30℃，表层与底层温差约1℃。年降水量1300～2500毫米，年均气压

1011 百帕。海水盐度夏季为 29.8 ～ 34.29，冬季 31 ～ 33.9。海水酸碱度约为 8.3，透明度一般 4.5 ～ 12 米，湾内波浪小，风力一般不超过 6 级。台风多出现在 6 ～ 10 月。

北部湾是中国重要热带渔场，可供捕捞的海区有 40 多处，鱼类达 500 多种。广西沿海常见的经济鱼类有 122 种，其中主要的有 69 种，尤以红鱼、红三、头鲈、石斑、赤鱼、马鲛、奎龙、鲨鱼、门鳝、黄鱼、鲚鱼、棍子、鲳鱼、带鱼、单线、银米、横泽、青鳞、鱿鱼、墨鱼等 30 种为大宗；虾类有 36 种，其中对虾即达 32 种；海蛇约 20 种；软体动物约 95 种。北部湾海涂辽阔，工业污染少，底平沙细，水质优良，浮游和底栖生物丰富，适宜发展海产养殖，可供养殖的品种有日本对虾、墨吉对虾、长毛对虾、短沟对虾、宽沟对虾、斑节对虾、珍珠贝、大蚝、海参、青蟹、文蛤、蛏、江蓠、鱼类等。北部湾海域蕴藏有丰富的石油。

北部湾畔重要城市有中国的沿海开放城市北海市、防城港市、钦州市及东方市等。

北部湾海滨景色

深海秘境探索之旅

[十三、阿拉斯加湾]

美国阿拉斯加州南部的海湾。在阿拉斯加半岛和亚历山大群岛之间，向太平洋敞开。面积153.3万平方千米。平均水深2431米，最深5659米。

湾岸曲折，多小海湾和峡湾。有苏西特纳河、库珀河等河流注入。阿拉斯加暖流在湾内形成逆时针方向环流。科迪亚克岛是湾内最大的岛屿。世界著名渔场，盛产鲑、鲭、大比目鱼等。在苏克湾一带蕴藏石油。湾岸有安克雷奇、苏厄德和瓦尔迪兹（纵贯阿拉斯加输油管终点）等不冻良港。

[十四、泰国湾]

位于南海西南部，中南半岛和马来半岛之间。曾名暹罗湾。湾口以金瓯角至哥打巴鲁一线为界。宽约370千米（但水深50～58米的水道宽仅56千米），面积约25万平方千米，为南海最大的海湾。平均水深45.5米，最大深度86米。

该海区是第三纪时断裂下陷而成。两岸有中生代花岗岩断块隆起，为呵叻盆地和豆蔻山，西为马来半岛的山脉。除湾顶曼谷湾和湾口金瓯半岛有连片沙岸外，其余大都是岩岸。第三纪以来的巨厚沉积，充填了泰国湾断陷盆地。沉积层最厚达7500米以上。

热带季风气候，11月至翌年1月多东北风，5～9月多西南风。局部地区有短暂的热带暴风雨。南端为赤道气候。北部是南海最酷热的海区，干湿季明显，5～10月为雨季，其余为干季。南部终年多雨，10月至次年1月降雨略多，干湿季节不明显，温度略低于北部。

因受南海季风海流影响，湾内海流随季节而异，流速一般小于25厘米/秒。西南季风期间，湾内环流呈顺时针方向，但湾口呈逆时针方向；东北季风期间，湾内仍呈顺时针方向，但湾内东部呈逆时针方向。表层盐度冬季为30.5～32.5，

夏季为 31.0～32.0。表层水温以 4 月最高（约 30～31℃），1 月最低（约 27～28℃）。高温、低盐、高氧的表层海水常在湾的中部与外海水相遇而下沉，形成辐合带；相对低温、高盐、低氧的底层海水在局部地方上升，形成辐散带。潮汐性质以不规则全日潮占优势，潮差小，一般不到 4 米，湾顶可达 4 米。湾内潮流流速常达 50 厘米/秒。海浪也随季风而异：11 至翌年 1 月以东北浪为主，月平均波高为 0.5～0.9 米；3～8 月以偏南浪居多，月平均波高为 0.6～0.9 米。

由于上升流掀起海底营养盐，有利于海洋浮游生物繁殖生长，海区生产力较高。湾内散布着珊瑚礁和红树林。主要的经济鱼类有羽鳃鲐、小公鱼、小沙丁鱼、圆鲹、鲱、鲣、马鲛、鲨、鳐、鲅、鲻等，盛产对虾和海蜇，还有牡蛎、珍珠贝、乌贼、蟹、海参、海龟等。沿海海水养殖业比较发达。

[十五、加利福尼亚湾]

墨西哥西北部狭长海湾。位于太平洋东部，被下加利福尼亚半岛和美洲大陆三面环绕，只有南面与太平洋相连。

加利福尼亚湾一角

长约1200千米，平均宽153千米。总面积约16万平方千米。盐度35左右。加利福尼亚湾被安赫尔德-拉瓜尔达和蒂布龙两岛截为南北两部分。北部较浅，水深一般不超过180米；南部较深，最深处超过3050米。南北水域交汇处有汹涌的海潮，不利于航行。湾内岛屿众多，多为火山岛。由于红色藻类大量繁衍，海水呈红色。科罗拉多河、亚基河、索诺拉河、富埃尔特河等注入海湾。沿岸主要港口有拉巴斯和瓜伊马斯。

［十六、卡奔塔利亚湾］

澳大利亚北部阿拉弗拉海的一个长方形浅水海湾，伸入大陆北部阿纳姆地与约克角半岛之间。

1628年一个名叫卡奔塔的荷兰船长曾到达该海湾，故以其姓氏命名。东西最大宽度670千米，南北长约600千米，面积31万平方千米，最深处为70米。海湾底部是澳大利亚和新几内亚的大陆架。有一条横跨托雷斯海峡的海岭将海湾与珊瑚海分隔开来。另一条从韦塞尔群岛向北绵延的海岭又将海湾与阿拉弗拉海的海盆相分隔。湾内的岛屿主要有南部的韦尔斯利群岛、西南部的爱德华·佩柳爵士群岛和西部的格鲁特岛。海湾底部坡度很小，汇入的20多条河流下游大都蜿蜒曲折，多三角洲。20世纪后期，沿海水域对虾捕捞业得到发展。海湾周边约克角半岛、戈夫半岛及阿纳姆地等地区有大型的铝土矿，格鲁特岛上丰富的锰矿也已经被大规模开采。但至今沿岸大部分地区仍然人烟稀疏，只有少许规模很小的城镇。

第三章 大西洋——西方文明的摇篮

[一、大西洋]

地球第二大洋。位于欧洲、非洲和南、北美洲之间。北以冰岛–法罗岛海丘和威维尔–汤姆森海岭与北冰洋分界，南临南极洲，并与太平洋、印度洋南部水域相通，西南通过南美洲合恩角的西经 67°16′ 线同太平洋分界，东南通过南非厄加勒斯角的东经 20° 线同印度洋为界。

大西洋 (Atlantic) 一词源于希腊语，意谓希腊神话中擎天巨神阿特拉斯 (Atlas) 之海。按拉丁语，大西洋称为 Mare Atlanticum，希腊语的拉丁化形式为 Atlantis。

大西洋东西狭窄（赤道区域最短距离仅约 2400 多千米）；南北最长约 1.6 万千米，呈 S 形。大西洋的面积，连同其附属海和南大洋部分水域在内（不计岛屿），约 9165.5 万平方千米，约占海洋总面积的 25.4%。平均深度为 3597 米，最深处位于波多黎各海沟内，为 9218 米。

大西洋东西岸线大体平行，南部岸线平直，北部岸线曲折，并有众多的岛屿

和半岛穿插分割，形成一系列边缘海、内海和海湾，如地中海、黑海、波罗的海、北海、比斯开湾、几内亚湾、加勒比海、墨西哥湾和圣劳伦斯湾等。注入大西洋的主要河流有圣劳伦斯河、密西西比河、奥里诺科河、亚马孙河、巴拉那河、刚果河、尼日尔河、卢瓦尔河、莱茵河、易北河以及注入地中海的尼罗河等。

大西洋沿岸岛屿众多，开阔洋面上岛屿很少。岛屿总面积约107万平方千米，大体可分两类：一类是大陆岛，如大不列颠岛、爱尔兰岛、纽芬兰岛、大安的列斯群岛、小安的列斯群岛、加那利群岛及马尔维纳斯群岛（福克兰群岛）等；另一类是火山岛，在洋中部呈串珠状分布，如亚速尔群岛等。

著名的海峡有沟通北海与大西洋的英吉利海峡（拉芒什海峡）、多佛尔海峡（加来海峡），沟通黑海、地中海与大西洋的博斯普鲁斯海峡、达达尼尔海峡和直布罗陀海峡，沟通波罗的海与北海的卡特加特海峡、厄勒海峡和大、小贝尔特海峡，沟通墨西哥湾与大西洋的佛罗里达海峡等。

1. 地质地形

地形与构造　大西洋洋底可分为4个基本构造单元，即大陆边缘（面积约占大西洋总面积的1/3强，包括大陆架、大陆坡、大陆隆起）、过渡带（所占面积很小，包括岛弧、边缘海盆、海底高地及深海沟）、洋盆（面积约占大西洋总面积的1/3强，包括大洋盆地、洋底山脉或高地）和洋中脊（面积约占大西洋总面积的1/5）。

纽芬兰岛风光

洋中脊又称为大西洋海岭。它北起冰岛，纵贯大西洋，南至布韦岛，然后转向东北与印度洋洋中脊相连。全长 1.7 万千米，宽约 1500～2000 千米，约占整个大洋宽度的 1/3。洋中脊由一系列平行岭脊（一般距海面 2500～3000 米，脊峰突出海面部分形成岛屿）组成，岭脊高度从中轴向两侧逐级降低。岭脊之间则为宽 12～40 千米的裂谷，脊轴部的裂谷较宽（30～40 千米），称中央裂谷。中脊两翼一般都具有较陡峭的边缘和不甚规则的地形。大西洋中脊由无数横向断裂带切断并错开，这些与中脊走向近于垂直的横向断裂带（转换断层），在地形上表现为深切的线状槽沟。位于赤道附近的罗曼什断裂带，最深处罗曼什海沟深达 7856 米，将大西洋中的洋中脊切断并错开 1000 余千米，把整个大西洋海岭分为北大西洋海岭和南大西洋海岭两大部分。

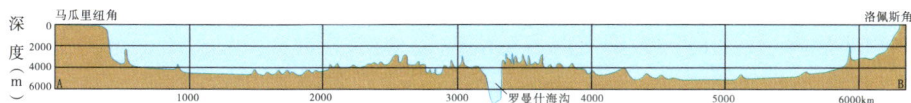

大西洋东西向洋底地形剖面

由于洋中脊的中隔，大西洋洋底大致分为东西两列海盆。深度超过 6000 米的海盆，东列有加那利海盆、佛得角海盆和几内亚海盆；西列有北亚美利加海盆、巴西海盆和阿根廷海盆。此外，在南大西洋海岭南端布韦岛以南至南极大陆附近，还有一个较浅的大西洋—印度洋海盆，水深一般不超过 5500 米。

大陆架面积约占大西洋总面积的 1/10。在不列颠群岛周围，包括整个北海，大陆架宽度常达 1000 千米，是世界海洋中最宽阔的大陆架区域之一。几内亚湾沿岸、巴西高原东北段、伊比利亚半岛西岸等处的大陆架都很窄，一般不超过 50 千米。

沿欧、非大陆架外缘的大陆坡比较陡峻，宽度仅 20～30 千米；美洲大陆架外侧的大陆坡比较平缓，宽度可达 50～90 千米；墨西哥湾海盆的西缘和阿根廷东侧的大陆坡，可从 100～200 米逐级递降至深 5000 米以上。大陆坡上还有上百条海底峡谷，尤以北美东侧大陆坡上最多。其形成与浊流冲刷有关，也有人认为可能是由构造作用形成的。格陵兰岛与拉布拉多半岛之间的中大西洋海底谷，是世界上最为著名的海底峡谷。在大陆坡坡麓，有坡度比较平缓的深海扇，有的是由断层、地震或巨大的风暴使大陆边缘的疏松沉积物崩塌下滑堆积而成，有的则由河流带来的沉积物所组成。

大陆坡与海盆之间，常有地壳隆起分布，其坡度远比大陆坡小，称为大陆隆。较显著的大陆隆起有格陵兰—冰岛隆起、冰岛—法罗岛隆起、布莱克隆起和马尔维纳斯隆起等。

在大西洋中有两条岛弧带和深海沟。一条是由大、小安的列斯群岛组成的双列岛弧带和岛弧北侧的波多黎各海沟；另一条是在南美洲南端与南极洲南极半岛之间向东延伸的岛弧带（岛弧由南佐治亚岛、南桑威奇群岛和南奥克尼群岛等组成）及岛弧东缘的南桑威奇海沟。波多黎各海沟长约 1550 千米，平均宽 120 千米，大西洋最深点就在这里。南桑威奇海沟长约 1450 千米，平均宽 70 千米，最大深度 8264 米。

海底沉积　大西洋洋底的沉积物一般分为大陆边缘沉积和深海沉积两大类。大陆边缘沉积分布相当广泛，覆盖面积约占大西洋洋底总面积的 25%。这类沉积主要由陆源碎屑物质和浅海生物残骸组成。在南极大陆架以及部分大陆坡上，有相当数量的冰成海洋沉积，冰岛附近的大陆架和亚速尔海台上还有火山灰分布。

直布罗陀

深海沉积分布于远离大陆的深水区域，覆盖面积约占大西洋洋底总面积的74%。它是多种来源物质的复杂组合，一般以生物沉积（钙质软泥和硅质软泥）和多源沉积（红黏土）为主。钙质软泥的分布范围最广，其中绝大部分为有孔虫（钙质）软泥，多见于3000～4000米的深度上，翼足类（钙质）软泥仅见于热带2500米以浅的海域。硅质软泥以硅藻软泥为主，广泛分布于两极附近的洋底。放射虫（硅质）软泥则仅见于安哥拉海盆的局部区域。多源沉积（红黏土）普遍见于5000米以深的深海盆地，其沉积速率通常每1000年1～2毫米。此外，在大西洋的深海沉积物中还常夹杂有粗粒径的陆源砂，这是由浊流从大陆边缘带来的，分布于大西洋的边缘区域。

形成和演化　大西洋洋底是由地壳张裂扩展而成。大西洋中脊的裂谷区则是洋底地壳受张力而下沉的狭窄地带。按照海底扩张说和板块构造说，大西洋是由2亿年前存在的一个泛大陆解体裂开而形成的。从大西洋中许多岛屿最古的岩石年龄来看，冰岛不超过1000万年，亚速尔群岛不早于2000万年，百慕大群岛为3500万年，佛得角群岛为5000万年，靠近非洲西岸的马西埃·恩圭马·比约岛（比奥科岛）和普林西比岛为1.2亿年。这表明离大西洋中脊愈远，岩石形成的时代愈早，年龄也愈古老。洋中脊附近的沉积层很薄、很年轻；远离中脊，沉积层增厚，年代也越古老。现代大西洋开始形成的时期不早于中生代。

2. 气候

大西洋的气候由于受大气环流、纬度、洋流性质以及海陆轮廓的影响，不仅南北差别较大，而且东西两侧也有明显的差异。北大西洋的气温比南大西洋高，大洋东、西两侧的气温有较大的差别。除南大西洋高纬区外，气温的年变幅都比较小。赤道海区终年高温（25～26℃），气温的年变化极小。在南、北纬20°之间的海域，相同纬度处的气温和年变幅都基本一致；在中、高纬度海域，北大西洋的气温一般比南大西洋同纬度的气温高出5～10℃，气温的年变幅也随纬度增高而递增。在南、北纬30°之间，大西洋东侧的平均气温一般比西侧低5℃左右；在北纬30°以北，情况则相反。在北纬60°附近，大西洋东侧比西侧气温约高出

10℃；但在南纬 30° 以南，东、西两侧的气温差别不明显。

降水量以赤道地区为最多，年降水量为 1500 ～ 2000 毫米；在南、北纬 35° ～ 60° 处为 1000 ～ 1500 毫米；在南、北纬 15° ～ 35° 处为 500 ～ 1000 毫米。东部因受高压、离岸信风和寒流的影响，仅 100 ～ 250 毫米。南纬 60° 以南，年降水量一般只有 100 ～ 250 毫米。但在北纬 60° 以北，年降水量可达 1000 毫米左右。

大西洋的南、北两端分别有南极低压和冰岛低压；在这两个副极地低压以北和以南为副热带高压区，即南大西洋高压和亚速尔高压；赤道海区则为赤道低压。这种气压带分布的形势，确定了洋面各部分的盛行风系、云量、降水等分布。在两个副热带高压之间，常有吹向赤道低压带的气流，赤道以北形成东北信风，赤道以南为东南信风。它们在赤道附近汇合，产生强烈的上升气流，形成大量的对流性低云和降水。赤道海区风力微弱，有"赤道无风带"之称。副热带高压区是气流下沉区，云量少，降水不多。位于副热带高压与副极地低压之间的中高纬度海区，盛行西风。由于从低纬吹来的暖湿西风（或西南风）与从高纬吹来的干冷东风（或东北风）在这里相遇，因此西风带是极锋及温带气旋活动频繁的地带，也是大西洋中天气多变、降水较多的海域。在南纬 40° ～ 60° 的洋面上，三大洋海域相互连通，风力很强，素有"咆哮西风带"之称。此外，在加勒比海和墨西哥湾海域，每当夏秋季节有从海洋吹向大陆的季风气流，并形成热带锋面气旋，常有飓风发生。

在大西洋的寒、暖流交汇区（如北大西洋的纽芬兰浅滩和南美洲拉普拉塔河口等）以及南大西洋上的"咆哮西风带"，常有浓密的海雾，是世界上著名的海上多雾区。非洲西南沿岸海区，因常有深层冷水上升，也常形成海雾。在佛得角群岛一带海面，由于东北信风从撒哈拉沙漠吹刮来大量的粉沙，常形成似雾非雾的尘霾。

3. 水文特征

表层环流　在大气环流直接作用下，南北副热带海区各自形成一个巨大的反气旋型环流系统，北部为顺时针环流，南部为逆时针环流。在赤道和热带海区有

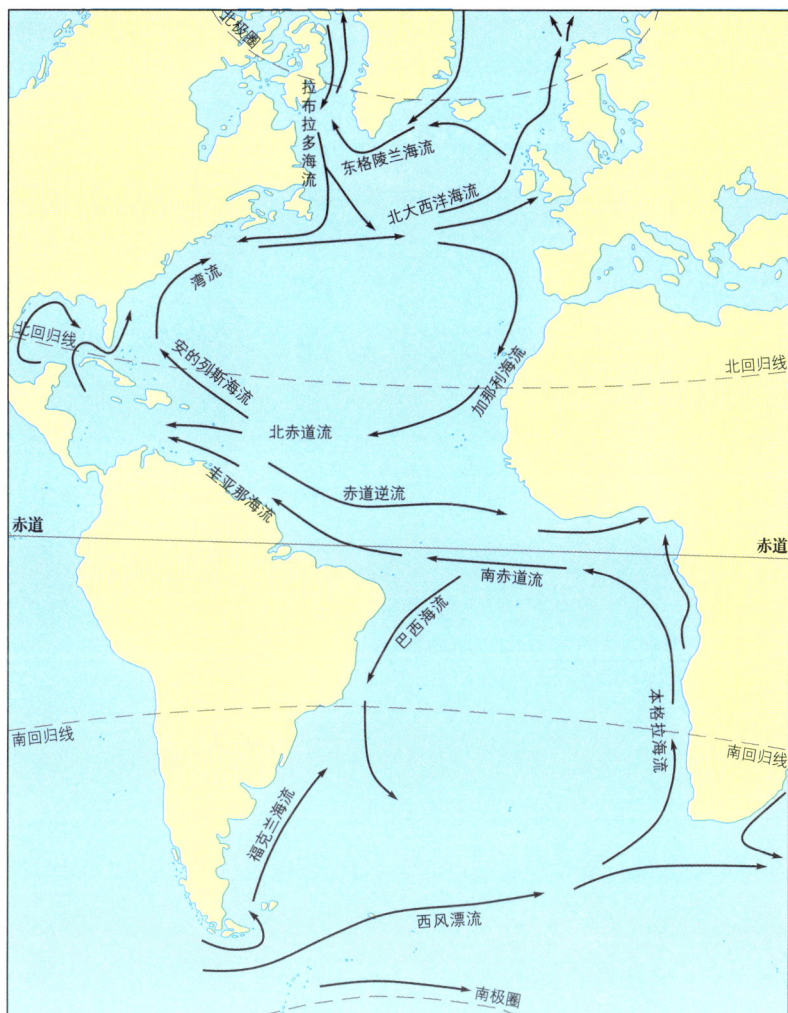

大西洋表层环流示意图

一支赤道逆流，流向与南、北信风流相反，从而形成几个不太明显的热带反气旋型和热带气旋型环流。在北大西洋中纬度海区和南大西洋高纬度海区，则各自形成一个完整的副极地气旋型环流。

　　大西洋赤道流由南、北信风的作用形成，并在赤道两侧自东向西流动。不过，它们的位置并不与赤道对称，南赤道流跨越赤道以北，势力较强；北赤道流位置偏北，强度较弱。

大西洋赤道逆流位于北纬 3° ～ 5° 至 9° ～ 12° 之间。它的范围比太平洋赤道逆流小，有明显的季节变化。过去一直认为赤道逆流是一支统一的海流，现已查明，它其实是在南、北赤道流之间的一个复杂的海流系统；并且在表层之下伴生有强大的次表层流。赤道流与赤道不对称的事实，显然与这支逆流的存在有关。

赤道流到达大洋西部后，大部分沿着大陆的边缘向高纬流去，形成大西洋西部边界流。其中，北赤道流的南支和南赤道流的北支，在加勒比海汇合后进入墨西哥湾，使湾内出现大量的水体堆积，从而形成墨西哥湾流（简称湾流）。

与北大西洋湾流相对应的南大西洋的边界流为巴西海流。它沿南美洲巴西海岸向南流去，最远可达南纬 35° 左右。一般流速约为 51 ～ 102 厘米／秒，厚度约 100 ～ 200 米。在南、北纬 40° 附近，由于盛行西风的作用，分别形成南北大致对应的大西洋西风漂流。

西风漂流分为南、北大西洋西风漂流。北大西洋西风漂流，即北大西洋海流，是湾流的延续体。

西风漂流在北纬 50° 西经 20° 附近开始分成三支：一支向东北流到北冰洋；南支沿比斯开湾南下；北支向西北，流到冰岛以南。北大西洋海流表层流速一般为 25 厘米／秒。由于其暖水性质，它对西欧和北欧的气候影响甚大。在南纬 40° ～ 50° 一带，南大西洋西风漂流在强烈而稳定的西风作用下，形成环绕三大洋的风漂流，流速一般为 15 ～ 20 厘米／秒。南、北西风漂流在大洋东部，有一部分分别沿大陆西海岸流回低纬区，汇入南、北赤道流，完成南、北大西洋的两个大循环。大西洋东部边界流在北部的叫加那利海流，南部的叫本格拉海流。它们与西部边界流相比，流动缓慢、流幅宽广、厚度较薄。

在上述环流背景上还叠加有许多尺度较小的非稳态环流和大小不一的涡旋。

深层环流　大西洋赤道及其附近区域（大致在南纬 7° 至北纬 7°）的赤道表层流之下，有一强大的自西向东流动的次表层逆流系统。这一逆流系统由三支海流组成，南、北两支分别为大西洋南赤道次表层逆流和北赤道次表层逆流，中间最强大的一支为大西洋赤道潜流。在大洋的表层和深层中普遍存在着水平尺度为 100 ～ 200 千米级的中尺度涡旋，它们主要分布在北大西洋中部海域。在湾流之下，

还存在有方向与表层流相反的深层流和近底层流，即深层"逆湾流"。表层环流的辐散区中常伴有显著的上升流。例如，西非沿岸和佛得角群岛附近海区以及南赤道流和巴西暖流的辐散区，都是大西洋中主要的深层水涌升区域。

水团 有北大西洋中央水、南大西洋中央水、北大西洋中层水、南极中层水、大西洋地中海水、北大西洋深层及底层水、南极绕极深层水和南极底层水。在高纬度海区、南极大陆架上，特别是在威德尔海中，表层海水由于冷却和结冰，密度增大而不断下沉，到达海底形成范围广大而均匀的南极底层水。这个水团的温度最低可达 -1.95℃，盐度约 34.66，向北可达大西洋的北纬40°。在南极海区内，由于盛行西风漂流，其下界可达 3000～4000 米。因此，部分南极底层水可汇入西风漂流下部绕南极大陆流动，并与西风漂流北面的海水混合形成温、盐特征相对均匀的水团，称南极绕极深层水。北大西洋的深层水和底层水，形成于格陵兰岛周围海区，以及挪威海的深层水从冰岛—法罗群岛之间以及格陵兰—冰岛之间，越过海槛溢出，共同形成北大西洋深层及底层水。在南纬60°的极锋区，南极冬季表层水在这里辐合下沉，形成南极中层水，位于 500～1000 米的深度内向北扩展，可以穿越赤道至北纬25°附近。在南、北大西洋的副热带海区，表层海水辐合下沉形成南大西洋（次表层）中央水和北大西洋（次表层）中央水。北大西洋的深层还有一个"外来"水团，源地为欧、非洲之间地中海，故称大西洋地中海水。

温度和盐度 大西洋表层海水温度的分布与气温分布类似，总的趋势是年平均表层水温自赤道向两极递减。赤道海区，年变幅较小，一般为 1～3℃；副热带和温带，特别在北纬30°～50°和南纬30°～40°，表层水温的年变幅较大，约 5～8℃；高纬度海区，表层水温的年变幅变小，其中近北极海区约4℃，南极海区约1℃。受大陆气候或寒、暖流锋面季节性变动影响的局部海区，表层水温的年变幅可达 10℃以上。

受海面蒸发和降水的影响，表层海水的最高盐度出现于降水量较少而蒸发特别强盛的副热带海区。在北纬20°～30°，特别是亚速尔群岛西南的信风带内，表层盐度的年平均值高达 37.9。南纬10°～20° 的巴西近岸海区，年平均值也可

达 37.6。热带海区，降水量大于蒸发量，表层盐度随之下降。赤道海区，降到 35.0 左右。表层环流对盐度分布有明显影响。例如，湾流和北大西洋暖流将盐度约 35.0 的海水向高纬输送，而盐度低于 34.0 的北冰洋表层水却由拉布拉多寒流向南输送到纽芬兰岛附近。因此，北大西洋西侧的表层等盐度线几乎呈南北走向，水平梯度大。反之，在南纬 45° 以南的西风漂流区，表层海水的等盐度线几乎与纬圈平行。

大西洋深层海水的温度和盐度的变化，具有更明显的纬向分布特征。自 200～500 米深层往下，所有温、盐度都随深度的增加而变小，到 5000 米以下深度水层中几乎呈均匀状态。

海冰和冰山　大西洋的海冰形成于中、高纬度的附属海和近极地海区的冬季。北大西洋只在冬季靠近北美洲拉布拉多半岛边缘，才有海冰形成。在其他季节里，最常见的是格陵兰岛沿岸的山谷冰川滑入海中，然后随东格陵兰寒流和拉布拉多寒流南下的漂浮冰山。漂移范围常可达北纬 40° 附近，对北大西洋航线上的航运造成威胁。南大西洋的海冰形成于南极大陆近岸海区，而南极大陆，特别是威德尔海陆架上的陆缘冰，则是南大西洋冰山的发源地。南纬 55° 以南海面，全年都有浮冰和冰山，9～10 月，冰山可漂到南纬 40°～35° 附近。

潮汐　大西洋的潮汐多属半日潮。半日潮的主要分潮（M_2）的无潮点，分别位于冰岛东南和西南偏南、新斯科舍半岛西部、墨西哥湾、加勒比海、南美洲东南近岸和布韦岛附近等处。在这些点附近，振幅最小；而在巴芬湾、英吉利海峡、非洲西北岸、加勒比海南岸、南美洲东北岸和东南岸等处，振幅最大。

西欧沿岸为正规的半日潮，美洲中部东侧的加勒比海沿岸大部分为不正规半日潮，有的地方为不正规日潮；墨西哥湾沿岸，除东部为不正规半日潮外，其余均为正规日潮或不正规日潮。全日潮的主要分潮（K_1）的无潮点，分别位于新斯科舍半岛南部、亚速尔群岛西南、几内亚湾西南、火地岛北部近岸、非洲南部等地。在这些点附近，振幅最小；而在北美东岸、墨西哥湾东岸和火地岛北部沿岸处，振幅最大。

开阔大洋中的潮汐现象并不明显，潮差一般不到 1 米；但在近岸海区，特别是在狭窄的海湾或喇叭形河口区域，潮差就大得多。河口潮汐也比较显著。英国泰晤士河口的潮差约 6.3 米；南美亚马孙河口涨潮时潮水上溯而形成的涌潮，其壮观景象可与中国钱塘江涌潮相媲美。此外，在一些狭窄的水道、海峡和峡湾区，潮汐涨落常会产生很强的潮流。例如，在挪威萨尔登峡湾和西尔斯达德峡湾间的海峡，即以强流著称，这里朔望大潮时的平均流速可高达 8 米／秒。

4．资源

生物　海洋底栖植物一般仅限于在水深浅于 100 米的近岸海区，其面积约占大西洋洋底总面积的 2％，以褐藻门、绿藻门和红藻门的一些种属以及咸水显花植物为多见。在高纬度海区，沿岸带底栖植物贫乏。在中纬度海区，底栖植物十分繁茂。沿岸带以褐藻类为主，在软泥沉积上还生长有相当数量的蓝藻。南大西洋的中、高纬度

马尾藻

海区，底栖植物以褐藻类（特别是昆布属）最为丰富。热带海区水温甚高，底栖植物比较贫乏。此外，在北大西洋中部的马尾藻海，繁生有茂密的漂浮性褐藻——马尾藻。

浮游植物计有 240 多种，以硅藻、甲藻等占优势。在南、北大西洋的中纬度海区，硅藻数量最多，尤以西风漂流区最为集中。

动物种类组成以热带区最为多样，生物量则以中纬度区、近极地区和近岸区较高。在中、高纬度海区，哺乳动物以鲸和鳍脚目为主，鱼类则主要以鲱、鳕、鲈、鲽科为多见，浮游动物的优势种属有桡足目浮游甲壳动物和相当数量的翼足类软体动物。温带海区主要有海豹、温肭兽、鲸、鲱、沙丁鱼、鳀鱼以及多种无脊椎动物。在热带海区中，代表性动物有抹香鲸、海龟、飞鱼、鲨、甲壳动物、珊瑚虫、钵水母、管水母和放射虫等种属。在北大西洋中部的马尾藻海，有许多栖息在海藻中的游泳和固着动物，现已发现有 50 余种鱼类和其他动物，如刺鲀、飞鱼、剑鱼、旗鱼、海龙、海马、鳀鱼、金枪鱼以及海鞘、海葵，还有一些苔藓动物。马尾藻

海区还是欧洲和美洲鳗鱼的产卵场所。大西洋高纬度冷水区域（特别是南极海域），还生长有磷虾。大西洋的深海中，广泛分布有甲壳动物、棘皮动物、海绵动物、水螅和一些很特殊的深海鱼类。此外，在波多黎各海沟深部发现有一些特殊的环节动物和管海参；在罗曼什断裂带的深槽中还发现有若干种前所未知的植食性小型软体动物。

大西洋生物资源开发很早，渔获量曾占世界大洋的首位，现在每年的渔获量，占世界海洋渔获总量的40％。就单位面积产量而论，仍然高于其他大洋。主要渔场有：大西洋东北海域，即北海、挪威海、冰岛周围，年捕鱼量占该大洋捕鱼量的45％左右；大西洋西北部海域，年捕鱼量约占总捕鱼量的20％，其中纽芬兰、美国、加拿大东侧陆架海区，是世界上单产最高的渔场。此外，地中海、黑海、加勒比海、比斯开湾和安哥拉纳米比亚沿海，也是较重要的渔场。

大西洋海域的经济鱼类主要有鲱鱼、北鳕鱼、毛鳞鱼、长尾鳕鱼、比目鱼、金枪鱼、鲑鱼、马舌鲽鱼、海鲈鱼等。它们主要分布在陆架区。西欧和北美沿海区盛产牡蛎、贻贝、扇贝、螯虾和蟹类以及多种食用藻类。南极大陆附近海区盛产鲸和海豹（由于一些国家滥捕，已大量减少几近绝迹），磷虾产业已逐步开发。

矿产　石油、天然气、煤、铁、硫和锰结核等是大西洋主要的矿产资源。加勒比海、墨西哥湾、北海、几内亚湾是世界著名的海底油田和天然气田分布区。

英国、加拿大、西班牙、土耳其、保加利亚、意大利等国沿海海底都发现有煤的储藏。纽芬兰岛的大陆架海底和法国诺曼底海岸外都发现有丰富的铁矿。重砂矿分布比较广泛。现在，巴西对含有独居石、钛铁矿和锆石的重砂矿，美国对佛罗里达东海岸的锆石和金红石等都已开采。西南非洲南起开普敦、北至沃尔维斯湾约1600多千米的海底砂砾层，是世界著名的海洋金刚石产地。在几内亚湾和巴西两大陆架区中也发现有金刚石。

锰结核是目前尚未开发的一种矿物资源，大西洋洋底总储量估计为1万亿吨左右，主要分布在北美海盆和阿根廷海盆底部。此外，在开普海盆、巴西海盆和西欧海盆，以及波罗的海、北海、黑海，甚至在北美五大湖底都有发现锰结核。

交通运输　大西洋是世界航运最发达的大洋，东、西分别经苏伊士运河及巴

苏伊士运河一景

拿马运河沟通印度洋和太平洋。全年海轮均可通航，海运量占世界海运量的一半以上，并拥有世界海港总数的 3/4。主要航线有欧洲与北美洲的北大西洋航线，欧、亚、大洋洲之间的远东航线，欧洲与墨西哥湾和加勒比海之间的中大西洋航线，欧洲与南美洲大西洋沿岸之间的南大西洋航线，从西欧沿非洲大西洋岸到开普敦的航线。

[二、北海]

大西洋东北部边缘海。位于欧洲大陆与大不列颠岛之间。西临英国，东接挪威、丹麦、德国、荷兰、比利时和法国，并有斯卡格拉克海峡和卡特加特海峡与波罗的海相通。南有多佛尔海峡和英吉利海峡与大西洋相接，北达设得兰群岛以东的北纬61°线。海区最长约1126千米，最宽676千米，总面

积约 57.5 万平方千米。平均水深 94 米，最大水深 725 米。

地质地形 约在 250 万年前，现在北海海盆南部的多格浅滩，曾是欧洲大陆的一部分。那时，莱茵河与泰晤士河相连接，约于现在伦敦北面 460 千米处入海。在 200 万年到 6000 年前，屡经冰川多次进退。现在的北海轮廓约在 3000 年前形成。

北部海岸崎岖，南部为规则的低平海岸。东部和西部海岸比较复杂，有峭崖陡壁、岛屿林立的峡湾海岸，以及岩性坚硬的高地海岸、平直的沙质海岸等。

整个北海都位于西欧大陆架上，大部海区浅于 100 米，是世界著名的浅海之一。南部水深浅于 40 米。英格兰北面外海有大冰碛构成的多格浅滩，面积达 650 平方千米，水深仅 17～33 米。挪威南岸和比利时北岸之间为挪威海槽，平行于岸线，宽 28～37 千米，水深 200～800 米。此外，北海西部还有几个海槽，如 500 多米深的德弗尔斯海穴，106 米深的锡尔弗海穴等，均系冰川最后退出时，大陆河流对海床冲刷侵蚀而成的。海底沉积物厚达 10～15 千米，大部为砂泥质，还有碎石、砾石和卵石。

气候 属温带气候。月平均气温 2 月为 0～5℃，8 月为 15～17℃，冬季气温有时可降到 -23℃。年降水量北部多于南部，分别为 1000 毫米和 600～700 毫米。冬季（11 月至翌年 3 月）多风暴，尤其在东部海区，气旋频繁发生。荷兰、丹麦、比利时和英国等沿海国家，易受风暴潮袭击。风暴期间，北部风浪高达 8～10 米，南部也达 6～7 米，苏格兰东岸最大涌浪可达 10.7 米。

水文特征 近表层海流呈气旋式运动，底层不规则。在设得兰群岛附近流速较强，中部较弱，一般不超过 35 厘米 / 秒。潮流较强，开阔海区流速为 1～1.5 米 / 秒，多佛尔海峡为 2.5 米 / 秒，设得兰群岛附近可达 5 米 / 秒。潮汐以半日潮为主。西南部沿岸潮差较大，多佛尔海峡附近的英国东岸潮差可达 7 米，北部挪威沿岸潮差较小，不到 1 米。

表层水温 2 月最低，8 月最高。冬季，西北较高，为 7.5℃，东南较低，为 2℃；夏季反之，西北为 13℃，东南为 18℃。底层水温 3 月最低，约为 3～7℃。6 月，只在挪威的东南和南方外海出现温跃层，强度为每米 0.2℃；7～8 月，在北部和中部的广大海区 30～40 米层出现温跃层，强度最大，为每米 0.7℃。由于西部有大西洋海水的流入，东部有波罗的海海水和径流的流入，盐度分布东低西高，东部为 29.0～32.0，西部为 34.7～35.3。西部因受大西洋较暖高盐水的影响，很少结冰。东部和南部沿岸，12 月至翌年 3 月普遍被冰覆盖。

生物和矿产　北海是世界上初级生产力最高、渔业最发达的海区之一，约有 300 种植物和 1500 多种动物。常见的植物有硅藻、甲藻、褐藻、绿藻等。动物有甲壳类（约 600 种）、蠕虫动物、软体动物（约 300 种）、刺胞动物及鱼类（约 100 多种）。主要鱼类有海鲽、鳕、黑线鳕、绿鳕、鲭、鲱、黍鲱、鲨鱼和鳐类。年捕获量达 330 万吨。

北海莱曼滩气田海上采气

北海海底蕴藏着丰富的石油和天然气。自 1959 年在北海发现油气资源以来，在英国、挪威、荷兰、丹麦和联邦德国近海都发现了油田。1969 年又在挪威以南发现了埃科菲斯克大油田。至 20 世纪 90 年代，在北海共找到 400 多个油气田，累计找到可采石油储量 47 亿吨。2004 年，北海地区产油 2.64 亿吨，占全球 7.4%；产天然气 2884.9 亿立方米，占全球 10.8%。剩余石油可采储量 20.1 亿吨，剩余天然气可采储量 4.8 万亿立方米。

[三、加勒比海]

大西洋属海。位于北大西洋的西南部，介于大安的列斯群岛、小安的列斯群岛和中美洲、南美洲之间。向北经尤卡坦海峡直通墨西哥湾，向东经莫纳海峡、向风海峡、小安的列斯群岛间诸海峡连接大西洋。

加勒比海东西最长约 2800 千米，南北最宽约 1400 千米，面积达 275.4 万平方千米，属深度较大的陆间海，平均深度 2491 米，最深处为古巴和牙买加之间的开曼海沟，深达 7686 米。海底自西向东分布着尤卡坦、开曼、哥伦比亚、委内瑞拉和格林纳达 5 个椭圆形海盆。由于海底山脊的阻隔，来自高纬度的寒冷底层海水不能进入，使加勒比海的海水温度高于大西洋。表层海流由北赤道暖流和南赤道暖流的北支组成，终年保持高温。加勒比海盐度 35。每年夏秋季节多热带飓风。海洋生物资源丰富，盛产沙丁鱼、金枪鱼、虾、海龟、鲨鱼、软体类和甲壳类动物。大陆架蕴藏有丰富的石油和天然气。巴拿马运河通航后，加勒比海既是连接大西洋和太平洋的交通要道，也是南、北美洲之间许多航线的枢纽，素有美洲地中海之称，具有重要的战略地位。主要港口有加拉加斯、科隆、金斯敦和威廉斯塔德。

墨西哥加勒比海沿岸风光

[四、地中海]

大西洋属海，世界第二大陆间海。介于欧、亚、非三洲之间，西出直布罗陀海峡通大西洋，东南经苏伊士运河出红海入印度洋，东北经达达尼尔海峡、马尔马拉海、博斯普鲁斯海峡与黑海相通。东西长约 4000 千米，南北最宽处 1800 千米，面积 251 万平方千米。海岸线长约 22530 千米。

地中海被半岛、岛屿和海岭分隔，形成许多大小不等的海和海盆。一般以亚平宁半岛、西西里岛至突尼斯的海岭（深 366 米）一线为界，分地中海为东、西两大部分。西地中海有三个被海岭和岛屿隔开的海盆，自西向东分别为阿尔沃兰海盆、阿尔及利亚海盆（巴利阿里海）和第勒尼安海盆。东地中海有伊奥尼亚海盆（其北为亚得里亚海）和黎凡特海盆（其西北为爱琴海）。地中海平均水深约 1500 米，最深点在希腊南面的伊奥尼亚海盆，为 5121 米。海底扩张和板块构造学说认为，地中海是地质时代环绕东半球的特提斯海(又称古地中海)的残存水域。从中生代开始，特提斯海北方的欧亚板块与南方的非洲、阿拉伯、印度等板块相向运动，使海域范围逐步缩小。现在的地中海则是中生代到新生代渐新世间，欧亚板块与非洲板块相向运动、碰撞的产物，意大利南部和爱琴海一带至今多火山、地震活动。

典型的地中海型气候。夏季受副热带高压控制，炎热干燥；冬季处于气旋活动频繁的西风带中，温和湿润。东地中海位置比西地中海偏南 6°，表层平均水温高于西地中海。最高水温出现在南部利比亚海岸的苏尔特湾（锡德拉湾）和东部土耳其海岸的伊斯肯德伦湾，8 月平均气温分别为 31℃和 30℃。最低水温在亚得里亚海北端的的里雅斯特湾，2 月平均气温 5.2℃。年降水量由西北（1100 毫米）向东南（250 毫米）减少。冬暖夏热，蒸发旺盛，海面年蒸发量 1250 毫米。周围海岸多山和荒漠，注入大河较少。蒸发量远大于降水量和径流量之和，导致海水盐度增大，水位下降，引起大西洋和黑海表层水流入，地中海深层水流出。地中海表层海水盐度介于 36.5～39.5，东地中海盐度高于西地中海。地中海水面保持相对稳定，其海水补给来源 5％得自四周河水流入，

21％为降水，其余71％和3％分别来自地中海与大西洋、黑海之间的水体交换。从大西洋经直布罗陀海峡流入的表层水，平均流量达175万米³/秒；在离海面125米的深处，地中海水流入大西洋，平均流量168万米³/秒。两者差额成为地中海水的主要补给来源。潮汐为正规或不正规半日潮。因地中海的封闭性，大部分地区潮差不大，且自西向东减小。潮差一般均在0.7米以下；最大潮差出现在突尼斯东岸，达1.7米。海水中磷酸盐、硝酸盐含量不足，限制了海洋生物生长。鱼类共有400多种，但数量不大，没有大量鱼群集中的渔场。

马赛港

地中海周围共有 22 个国家和地区，人口逾 4 亿。地中海是沟通大西洋和印度洋的航运要道，欧美国家取得西亚、北非石油的必经通道，战略地位重要。沿岸主要港口有直布罗陀（英占）、巴塞罗那（西班牙）、马赛（法国）、热那亚和那波利（意大利）、里耶卡（克罗地亚）、瓦莱塔（马耳他）、伊兹密尔（土耳其）、贝鲁特（黎巴嫩）、亚历山大（埃及）、的黎波里（利比亚）、阿尔及尔（阿尔及利亚）等。

[五、黑海]

欧洲大陆东南部与小亚细亚半岛之间的内陆海。因水色深暗且多风暴而得名。西南经博斯普鲁斯海峡（最深为27.5米）、马尔马拉海、达达尼尔海峡通爱琴海和地中海，东北经狭窄的刻赤海峡（深仅5米）与亚速海相连。北岸因有克里木半岛的伸入，使海区中部窄而两头略宽。东西最长1130千米，南北最宽611千米。岸线全长4090千米，总面积约42.2万平方千米。平均水深1315米，最大水深2210米。

地质地形　东岸和南岸被山脉包围；西岸，岸线平直少洼地，分布有多瑙河河口三角洲；北岸低洼而曲折，被许多沟壑河谷所切割，仅在克里木半岛南岸为悬崖峭壁。海底地形，由四周向中部下倾，各等深线可组成很不对称的同心环形圈。大陆架以100～110米等深线为边缘，面积约占黑海总面积的1/4，西部和北部较宽阔。中部为平坦的深海盆，水深略大于2200米，约占黑海总面积的1/3。深轴线偏于土耳其近岸。

黑海是2.5亿年至6000万年前（或4000万年前）古地中海海盆的残留海盆。古新世末期，小亚细亚发生构造隆起时，黑海才与地中海分开，逐渐形成为内陆海。直至2500万年前的中新世，黑海的水还与里海相连，此后才逐渐分开。随着地壳运动和历次冰期、间冰期来临，黑海与地中海之间也多次隔绝又复相连。现在与地中海相连，是在6000～8000年前末次大冰期后形成的。海底底质，陆架区近岸一侧为砂质陆源物质，向外海一侧为介壳石灰岩；深海盆底部多钙质软泥，并带有硫化亚铁沉积。

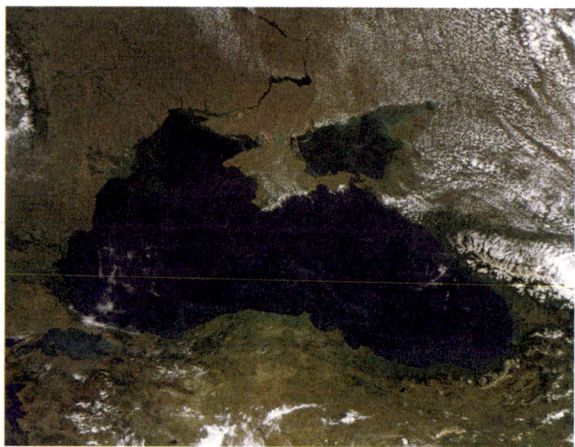

黑海卫星照片 [美国国家航空航天局（NASA）]

气候　夏凉秋暖，全年温和。冬季，北部和西北部海区月平均气温为 -3℃，克里木半岛南岸近海为 3℃，东南海区为 6℃。夏季，全海区气温差别不大，为 23～24℃。黑海平均每年有 180 多天受极地冷空气的入侵和影响，盛行东北大风，降温剧烈，多雨；有近 90 天受来自地中海热带空气的影响，比较温湿。有时受东欧天气系统的影响，常有暴雨和风暴。新俄罗斯布拉风是黑海独有的气候特点，积聚在近海山顶上的冷空气急速吹向海面，形成风速达 20～40 米/秒的强风，这种风可持续一个星期之久。年降水量西部、西北部 300～500 毫米，南部 750～800 毫米，东部 1800～2500 毫米。

水文特征　表层流为沿海岸的气旋型环流。流速为 20～40 厘米/秒，主流中心可达 40～70 厘米/秒。受黑海中部较窄地形影响，东、西海区各形成一个气旋型环流。300 米深处的流速可达 20～30 厘米/秒。黑海与外海海水交换主要通过博斯普鲁斯海峡，上层水经该海峡流出的年总流量可达 398 立方千米，而从马尔马拉海流入黑海的深层水，年总流量仅 193 立方千米。周围有多瑙河、第聂伯河、德涅斯特河等淡水注入黑海，径流总量每年约 355 立方千米。上层水淡而轻，浮置于深层高盐水之上，使海水层化，限制了深层水的垂直对流，造成深层水缺氧。黑海海水从底层到表层循环一周，约需 130 年。

黑海水团有表层水和深层水两类。0～75（或 100）米为表层水，主要特征是盐度低，温度的年较差大：2 月最低，近岸为 0.5～1.0℃，外海为 7～8℃，东南海区为 8.5℃；夏季，水温达 25～26℃。盐度一般为 18.5。含氧量较高，碳酸盐的含量较大。水温的垂直结构较为特殊，从 0～60（或 75）米，温度随深度略有降低，此后则随深度缓慢增加，这是海底加热的结果。从 100 米或 120 米以下为深层水，温盐度较均匀，季节变化甚小。无氧，多硫化氢。硫化氢的含量可达 6～8 毫升/升。

资源　浮游植物有 350 多种，浮游动物有 80 种。近岸海区有无脊椎动物、鱼卵和幼虫。底栖生物相当贫乏，只有地中海的 1/5 至 1/4。西北海区有很多牡蛎和其他软体动物，鱼类约有 180 种，尤以鲟鱼最负盛名，其次是鲱鱼、西鲱、灰鲻和鲨鱼等。

黑海是联系乌克兰、保加利亚、罗马尼亚、俄罗斯西南部与世界市场的航运要道。黑海北部沿岸，尤其是克里米亚半岛，是东欧人的度假、疗养胜地。

[六、波罗的海]

欧洲北部内海，世界海水盐度最低的海。四面几乎均为陆地环抱，仅西部通过厄勒海峡、卡特加特海峡和斯卡格拉克海峡等与北海相通。面积42.2万平方千米（包括卡特加特海峡）。

海域中主要有博思霍尔姆岛、哥得兰岛、厄兰岛、萨雷马岛、奥兰群岛等，以及深入陆地的波的尼亚湾、芬兰湾。

周围国家有芬兰、瑞典、丹麦、德国、波兰、俄罗斯、立陶宛、拉脱维亚和爱沙尼亚。波罗的海是最后一次冰期结束，冰川大量融化后形成的。海水浅，平均深度仅86米；最深处在瑞典东南海岸和哥得兰岛之间，深为459米。总储水量2.3万立方千米。波罗的海与外海海水交换不大，又有维斯瓦河、奥得河等大小250条河流注入，这些河流占欧洲地面总径流量的1/5，流域总面积为波罗的

遥望波罗的海

海面积的 4 倍。加之气候寒冷,蒸发微弱,因而波罗的海成为世界上盐度最低的海,平均含盐量仅为大西洋的 1/3。海水盐度自出口处向海内逐渐减少,大、小贝尔特海峡海水盐度 15,默恩岛以东降至 8,芬兰湾为 6,波的尼亚湾北端仅 2 ~ 3。波罗的海海水一般由厄勒海峡流出。外海海水从大贝尔特海峡流入,先沿南岸向东流,再沿东岸向北流,形成逆时针方向海流。波罗的海深层海水盐度较高,是由于盐度较高的北海海水流入所致。波罗的海位于北纬 54° ~ 65°30′,水温自北向南升高。8 月表层水温介于 9 ~ 20℃,2 月 0 ~ 2℃。由于海水浅而淡,冬季易结冰,波的尼亚湾冰封期达 6 个月,芬兰湾和斯德哥尔摩附近 3 ~ 4 个月,波兰、德国沿岸 1 个多月,瑞典和丹麦之间的海峡也有冰封。由于受地形阻隔,强烈的北海潮汐不能达到波罗的海,因而缺少潮流,潮波也很小。但水面却深受风暴影响。强烈的东北风导致南海岸高浪,促成了沿海高水位;而西南风有助于沿德国和波兰海岸的沙丘堆积,同时使波罗的海北部海岸水位高涨。

因此,即使在通航期,船只航行仍较危险。波罗的海是北欧重要的航道,除有多条天然海峡与外海相通外,还有数条人工水路与附近地区相连。其中有基尔运河与北海相连,有运河与白海相通,也有水路和伏尔加河相连。沿岸较大港口有斯德哥尔摩、哥本哈根、罗斯托克、什切青、格但斯克、里加、圣彼得堡和赫尔辛基等。

[七、墨西哥湾]

大西洋深入北美大陆东南部的海湾。略呈椭圆形,周围大部分为美国和墨西哥领土环抱。古巴岛居湾口中部,其北侧的佛罗里达海峡与西侧的尤卡坦海峡分别沟通大西洋和加勒比海。东西长 1609 千米,南北宽 1287 千米,面积 154.3 万平方千米。平均水深 1512 米,最深处锡格斯比深渊为 5203 米。海水容积 233.2 万立方千米。

中生代陆地沉陷而成,部分海岸仍在下沉中。大陆架宽广,在佛罗里达半岛以西和尤卡坦半岛以北宽达 200 ~ 280 千米。约 3/5 大陆架属美国,2/5 属墨西哥。

墨西哥湾的一处村落

沿岸皆为低平的沙质海岸，多沼泽和由沙洲、沙嘴、珊瑚礁阻蓄或封闭成的潟湖。北岸和西北岸分别有密西西比河和格兰德河（墨西哥称北布拉沃河）等注入。地处热带和亚热带，气候湿热，加以海域几乎近于封闭，故表水温度和盐度较高。夏季水温约28℃，近岸浅水区达30～31℃；冬季南北介于18～25℃。年平均盐度为36～36.9。潮差0.3～0.6米，为世界上潮汐最小的海域之一。大西洋北赤道洋流和南赤道洋流的分支穿过小安的列斯群岛间的海峡，进入加勒比海，汇成加勒比海暖流；再经尤卡坦海峡注入墨西哥湾，形成顺时针环流。湾内水位比附近大西洋高，海水以每小时9～10千米的速度，经佛罗里达海峡流出，年平均流量达3000万米³/秒，称为佛罗里达暖流；与安的列斯暖流汇合后，即为墨西哥湾暖流（湾流），流向东北。墨西哥湾冬季有强风，夏末秋初多飓风。

大陆架地区浅滩广，入湾河流带来许多悬浮物质和浮游生物，为重要渔场，产鲱鱼、鲻鱼、鲔鱼、小虾、牡蛎等。西北部、西部沿岸和附近大陆架富藏石油、天然气和天然硫磺，为世界上最早进行海洋石油勘探和开采的地区之一。属美国的油气田，主要分布在路易斯安那州、得克萨斯州岸外；属墨西哥的油气田，集中在西南部坎佩切湾。沿岸主要港口：美国的休斯敦-加尔维斯顿、博蒙特-阿瑟港、新奥尔良、莫比尔、坦帕-圣彼得斯堡等，墨西哥的韦拉克鲁斯、坦皮科等，古巴的哈瓦那。

[八、爱尔兰海]

北大西洋的边缘海。位于爱尔兰岛和大不列颠岛之间。南北分别经圣乔治海峡和北海峡与大西洋相通。

长 210 千米，最宽处 240 千米，面积约 10 万平方千米。平均水深 61 米，最深 272 米，盐度 32.0～34.8。有马恩岛和安格尔西岛两大岛屿。海底多砾石。半日型潮。潮流时速在圣乔治海峡达 4 海里以上，中西部流速较小；东部英格兰西北海岸潮差可达 8.4 米。盛产鲱鱼和鳕鱼。马恩岛和布莱克浦为著名海滨疗养地。重要海港有利物浦港、都柏林港等。

[九、圣劳伦斯湾]

加拿大东南岸大西洋海湾。西起圣劳伦斯河河口安蒂科斯蒂岛，东至纽芬兰岛，南、北分别经卡伯特海峡和贝尔岛海峡通大西洋。

面积约 25 万平方千米。系陆地沉降形成，多浅滩，沿岸港湾曲折。海底台地处水深一般不足 50 米，深水区可达 572 米。湾内水体除依靠降水补给外，主要来自圣劳伦斯河口注入大量淡水，以及拉布拉多寒流挟带冰块从贝尔岛海峡流入，形成逆时针方向环流，从卡伯特

圣劳伦斯湾冬景

海峡外泄。表层至深层海水盐度 12～33。结冰期较迟，解冻期相应推迟。每年 5～12 月可通航，海轮经圣劳伦斯河深水航道可达五大湖沿岸诸港。

［十、比斯开湾］

北大西洋东北部的大海湾。在欧洲伊比利亚半岛和法国布列塔尼半岛之间，东岸和南岸分别为法国和西班牙。

面积22.3万平方千米。东北浅，西南深，平均深度1715米，最深处5120米。盐度35。受北大西洋环流影响，湾内海流也作顺时针方向流动。以多风暴著称，猛烈的西北风激起巨浪，对航行不利。南岸和东北岸为陡峭的岩岸，东南岸为低平的沙岸，多潟湖。卢瓦尔河、加龙河、阿杜尔河等从东岸注入海湾。渔业资源丰富，盛产沙丁鱼、鳕鱼等，沿法国海岸多牡蛎养殖场。沿岸主要港口有布雷斯特、南特、拉罗谢尔、波尔多（法国）和圣塞瓦斯蒂安、毕尔巴鄂、桑坦德（西班牙）等。

比斯开湾海岸风光

[十一、几内亚湾]

非洲西部海岸外的大西洋海湾。西起利比里亚的帕尔马斯角，东至加蓬的洛佩斯角。

沿岸国家有利比里亚、科特迪瓦、加纳、多哥、贝宁、尼日利亚、喀麦隆、赤道几内亚、加蓬，以及岛国圣多美和普林西比。有沃尔特、尼日尔、萨纳加和奥果韦等河流入。

尼日尔河三角洲东西两侧分别称邦尼湾和贝宁湾。邦尼湾及其以南分布着一列由比奥科岛、普林西比岛、圣多美岛等组成的火山岛弧。大陆架平均宽不足40千米，最宽处160千米。其西部急剧下降到深4000米的几内亚海盆，最深处达6363米。地处赤道带，气候湿热，盛行西南季风，

几内亚湾沿岸港口阿比让

无强风暴。几内亚暖流自西而东流经海湾北部，本格拉寒流（南赤道洋流）自东向西流经海湾南部。水温25～26℃，盐度34～35，近岸因多雨和大河注入，降为30。海水浑浊，盐度低，不利于珊瑚礁发育，动植物区系较贫乏。海岸地势低平，多浅滩、潟湖和红树林，缺少天然良港。尼日尔河三角洲外缘宽及160米的范围内为世界红树林分布最广的地区之一。沃尔特河以西为堆积海岸，以东为下沉海岸，大陆坡陡峻。塞内加尔和加纳沿海渔产较丰，主产沙丁鱼、金枪鱼、鲱鱼等。大陆架富藏石油，尼日利亚近海最为集中，已大规模开发，其次是加蓬、刚果（布）、安哥拉等国近海。古代腓尼基、罗马人商船队曾航行于此。15世纪欧洲殖民者入

侵后，几内亚湾成为西非—美洲间的贸易通道，沿岸是掠夺胡椒、黄金、象牙及贩运奴隶的重要基地，随之不同地段被称为"胡椒海岸""黄金海岸""象牙海岸"和"奴隶海岸"。沿岸主要港口有阿比让、阿克拉、洛美、波多诺伏、拉各斯、杜阿拉和利伯维尔等。

[十二、亚得里亚海]

地中海北部海域。在亚平宁半岛和巴尔干半岛之间，南部通过奥特朗托海峡与地中海中部的伊奥尼亚海相连。

南北长约800千米，东西宽95～225千米，面积13.2万平方千米。平均深度是240米，北浅南深，东南部最深处1324米。冬季交替刮强劲的东北风（即布拉风）和带来雨水的南风（即西洛可风），前者不利于航行。表层水温8月24～25 ℃，2月11～14℃；盐度30～38，北低南高。盛产鲭、沙丁鱼等。海域两岸呈鲜明对照：西岸地势较低，海岸平直，岛屿稀少；东岸山地纵贯，海岸曲折，岛屿棋布，与海岸平行排列，形成许多海湾和海峡。两岸主要港口城市有的里雅斯特、威尼斯、安科纳、里耶卡、斯普利特、都拉斯等。

亚得里亚海沿岸风光

第四章 印度洋——小巧精致的瑰宝

［一、印度洋］

地球上第三大洋，是地质年代最年轻的大洋。介于亚洲、南极洲、大洋洲和非洲之间，南部与太平洋和大西洋相通。西南以通过非洲南端厄加勒斯角的东经20°经线与大西洋为界，东南以通过塔斯马尼亚岛东南角至南极大陆的东经146°51′经线与太平洋为界。总面积为7617.4万平方千米，平均水深为3711米，最大深度为7450米（爪哇海沟）。鉴于南极绕极水域独特的水文特征，许多海洋学家主张把副热带辐合线以南的水域划为南大洋。

与太平洋和大西洋不同，印度洋水域北部封闭，南部开敞。北部岸线曲折，边缘海、内陆海和海峡较多。东、西、南三面与大洋洲、非洲和南极大陆接近，部分岸线平直。主要附属海和海湾有红海、阿拉伯海、波斯湾、孟加拉湾、安达曼海、阿拉弗拉海、帝汶海和大澳大利亚湾等。整个印度洋岛屿稀少，主要分布在西部洋区，大都为大陆岛。流入印度洋的河流也较少，著名的有恒河、布拉马

普特拉河、印度河、伊洛瓦底江、赞比西河等。

公元前 3000 多年以前，东印度商人在印度洋北部的航海活动已相当活跃。15 世纪初期到 30 年代，中国航海家郑和曾 7 次到过印度洋，最远曾到达非洲的马达加斯加附近。19 世纪后期科学家开始对印度洋进行科学考察活动，20 世纪 60 年代以后，各种考察活动日益增多。

1. 地质地形

地形与构造　印度洋中央海岭由中印度洋海岭、西印度洋海岭和南极-澳大利亚海丘组成，呈"人"字形。中印度洋海岭为印度洋中央海岭的北分支，在查戈斯群岛附近被韦马断裂带所切割。在断裂带以北的一段海岭，称为阿拉伯海-印度洋海岭（也称卡尔斯伯格海岭），其顶峰约在海平面以下 1800 米。西印度洋海岭为印度洋中央海岭的西南分支，地势崎岖复杂，是世界大洋中唯一无明显地磁异常的洋中脊，但却有浅源地震发生。南极-澳大利亚海丘为印度洋中央海岭的东南分支，一般在海平面以下 4000～6000 米。

上述 3 支海岭把印度洋整个洋底分割成三大洋盆。每个大洋盆又被若干小海岭、海台、海隆和海山分割成大小不一的小洋盆。其地形以西部最为复杂。马达加斯加岛的西北为索马里海盆。该岛的东北为马斯克林海岭，从塞舌尔群岛到毛里求斯岛成弧形分布，其间有海底山、海台和洼地互相穿插。马达加斯加岛的南方为马达加斯加海台，把洋底分隔成两个海盆，西南为纳塔尔海盆（莫桑比克海盆），东南为马达加斯加海盆。印度洋南部地形较简单。克罗泽海台和凯尔盖朗海岭把南部大洋盆分隔成 3 个海盆，分别是中印度洋海盆、南极-阿非利加海盆和南极-澳大利亚海盆。海盆水深约 4500～5000 米。

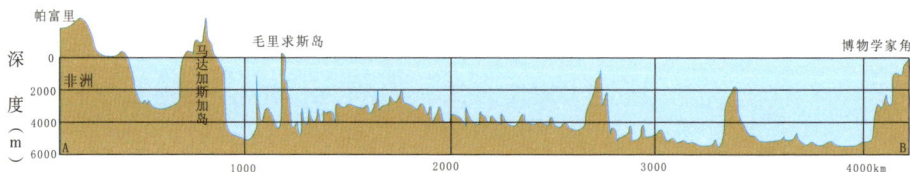

印度洋东西向洋底地形剖面

印度洋中央海岭被一系列断裂带所错开，此外，还有一些小断裂带，如卡尔斯伯格海岭南端的韦马断裂带和南极-澳大利亚海丘上的阿姆斯特丹断裂带，对印度洋的地质构造、海底地形都有重要意义。这些断裂带往往形成一些深海沟，如韦马海沟、迪阿曼蒂海沟等。

印度洋地形的另一特点是北部的海和海湾发育了世界上著名的大型冲积锥（深海扇）。孟加拉湾的冲积锥从恒河-布拉马普特拉河三角洲向南延伸达 2000 多千米，面积约 200 万平方千米，最大厚度达 12 千米，总体积达 500 万立方千米，为世界上最大的冲积锥。阿拉伯海的印度河冲积锥与孟加拉湾的冲积锥相似，但规模不及后者。这些冲积锥以陆源堆积物为主，这是由于中新世中期以来喜马拉雅山脉显著上升，为之提供了大量的堆积物。

海底沉积　大体可以分两种类型：一类为远洋性沉积，多分布于洋盆上。其中以钙质软泥范围最广，分布于北纬 20° 至南纬 40° 之间的赤道带，占印度洋总面积的 54%。红黏土分布于北纬 10° 至南纬 40° 之间的东半部，离大陆和岛屿较远，占印度洋总面积的 25%；靠近赤道的某些地区，红黏土中含有放射虫软泥。在南纬 50° 以南的亚南极区域，主要为硅藻软泥，约占印度洋总面积的 20%。另一类为陆源性沉积，分布于大陆近海和岛屿附近的海区，其中以阿拉伯海和孟加拉湾的冲积锥（深海扇）最为典型。此外，印度洋西部多熔岩和火山灰沉积；绕极带多陆源冰碛物；西北部多珊瑚礁，尤其在马尔代夫群岛和拉克沙群岛附近最多。

2. 气候

季风带　位于南纬 10° 以北。北半球夏半年（5～10 月），大气环流主要受南亚气旋的控制，赤道以北盛行西南风，以南盛行东南风。7 月平均风力为 8.0～10.7 米/秒，气温为 25～28℃。北半球冬半年（11～4 月）受亚欧大陆高压的影响，赤道以北盛行东北风，以南则为西北风。风力一般不超过 5.5～7.9 米/秒。北部气温为 22℃；赤道及其以南的季风区，气温几乎保持不变。赤道区域多云，降水量充沛，以孟加拉湾东部、阿拉伯海东部和苏门答腊岛附近为最多。这一带夏季多阴雨，冬季天气多晴朗。阿拉伯半岛沿岸终年干旱少雨。

信风带　位于南纬 10°～30°。终年盛行东南信风，平均风力为 3.4～5.4 米/秒。热带气旋活动频繁，特别在 12～3 月，常沿西、西南及东南方向移动，以马达加斯加岛和毛里求斯附近出现次数最多，每年平均约 8 次。北部气温终年较高，冬夏相差不大。南纬 30° 附近，2 月为 22～24℃，7 月为 18～20℃，西部比东部更高些。年降水量为 500～1000 毫米，由南向北增加，马达加斯加岛东岸可达 2000 毫米。索马里沿岸则干旱少雨。

　　副热带和温带　位于南纬 30°～45°。主要受南纬 35° 附近南印度洋反气旋的影响，北部风力微弱多变，南部处于西风带边缘，盛行西风。南北温差十分显著，平均气温，由北而南，2 月从 24℃ 降至 10℃，7 月从 20℃ 降至 6℃。年降水量 1000 毫米左右。

　　西风带　位于南纬 45° 以南的亚南极和南极地区。大气环流受南极低压带和副热带高压的相互作用，终年盛行稳定而强劲的西风，风力常在 20 米/秒以上。平均气温随纬度变化较明显，由北向南递降。年降水量也由北向南递减。

3. 水文特征

　　表层环流　北部因季风的变换，存在着独特的季风环流。南部与大西洋相似，终年存在着一个反气旋式的南副热带环流。

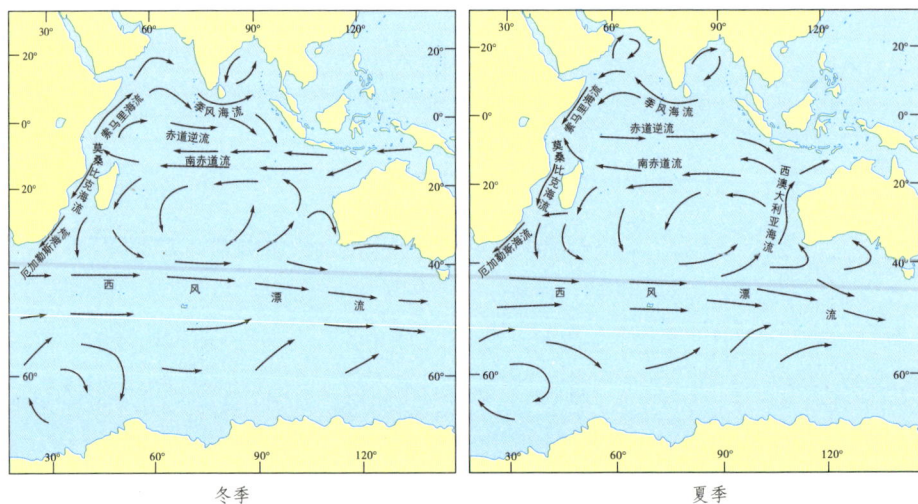

冬季　　　　　　　　　　　　　夏季

印度洋表层环流示意图

在东北季风盛行季节（11～3月），南纬10°以北，出现一个主要由北赤道流和赤道逆流构成的逆时针方向的东北季风环流。印度洋北赤道流自苏门答腊岛和马来半岛附近向西，经斯里兰卡以南，一直流向非洲海岸。流速以2月最强，在斯里兰卡南方和阿拉伯海南部，最大流速可达100厘米/秒以上。流至索马里近岸时，北赤道流转向西南，越过赤道又转向东，同南赤道流北上的分支相汇合，成为赤道逆流。印度洋赤道逆流的流速，在东经70°附近为85厘米/秒，往东逐渐减小。到东经90°附近，赤道逆流分成两支：较大一支中有的转向东南，形成爪哇沿岸流，有的转向西南，加入印度洋南赤道流；另一支则转向东北，重新加入北赤道流，构成了逆时针方向的东北季风环流。4月以后，西南季风兴起。5月，南纬10°以北的洋面，几乎都为西南季风流控制。流速以7月最大，斯里兰卡南方，流速一般为50～100厘米/秒，最大可达150～200厘米/秒。由此往东，流速渐减，到苏门答腊岛附近，越过赤道向南汇入印度洋南赤道流。西南季风流、南赤道流的一部分和索马里海流组成了夏季北印度洋强大的环流。它比冬季的东北季风环流流速大，持续时间长，一直可到9月以后。作为北部季风环流的一环，索马里海流是南赤道流的延续，是西向强化的西部边界流，其性质与大西洋的湾流、太平洋的黑潮类似。北印度洋的环流，西南季风（或东北季风）时并非全为大尺度的反气旋式（或气旋式）环流，而是含有一系列中、小尺度的气旋式和反气旋式涡旋，尤以季风转换期间为甚。

南副热带环流是由南赤道流、厄加勒斯海流、部分西风漂流和西澳大利亚海流组成的反气旋型大环流。印度洋南赤道流是由南纬10°以南相对稳定的东南信风所形成的风生漂流。它源自澳大利亚和爪哇岛之间海区，自东向西沿南纬8°～20°流动。平均流速为25～30厘米/秒，冬季流速最大，约为50厘米/秒。南赤道流到马达加斯加岛附近分成两支。南支沿该岛东岸南下，为马达加斯加海流，平均流速为25～30厘米/秒；北分支绕过该岛北端向西，流速增大，到德尔加杜角附近又分为两支：一支沿非洲海岸北上，为桑给巴尔海流。另一支沿非洲海岸南下，为莫桑比克海流。沿马达加斯加岛东岸南下的马达加斯加海流，经莫桑比克海峡南口，在非洲近岸与莫桑比克海流会合，成为著名的厄

加勒斯海流。它是南印度洋的西部边界流，具有流速大、流幅窄和厚度大的特点。其厚度可达 2000～2500 米。一般流速为 100 厘米/秒，最大流速出现于厄加勒斯浅滩的陆坡附近，可达 150～200 厘米/秒，使南极传来的涌浪波高成倍增长。由于此处流急浪高，海难事故经常发生。海流经过此浅滩后，小部分流入大西洋，大部分向东南作 U 形急转弯，形成厄加勒斯回流，并与西风漂流会合。由于这两支海流水温相差甚大，致使这一会合点成为南印度洋副热带辐合带水文锋面的"源头"。

西风漂流到达东经 90°～105° 后，一部分逐渐转向东北，沿澳大利亚西岸近海北上，成为西澳大利亚海流（流速为 20～35 厘米/秒），然后流归南赤道流，从而构成南印度洋副热带反气旋型大环流。南印度洋的副热带环流西部边界流流速大，流幅狭窄，而东部边界流流速小，流幅范围不明确。这与南印度洋东岸未形成完全闭合的地形有关。

深层流　印度洋赤道潜流（深层流）在赤道的次表层水中由西向东流动。流速为 50～60 厘米/秒，流轴位于 40～300 米水层。最人流速为 80 厘米/秒，出现于 100 米水层。它与太平洋和大西洋中的赤道潜流有所不同，并非终年存在，只在东北季风期（北半球冬季）出现，而在西南季风期（北半球夏季）则不明显。

水团　20 世纪 60 年代以来研究结果表明，印度洋水团除表层（0～100 米）外，可分为次表层水、中层水、深层水和底层水。次表层水、中层水和底层水都由南向北运移，而深层水却由北向南运移，以资补偿。

印度洋副热带次表层水是由副热带辐合带的表层水下沉而形成的。它沿 100～800 米水层向北伸展，温、盐特征值分别为 8～15℃、34.6～35.5，到南纬 10° 附近与在它上面的南赤道次表层水相混合。南赤道次表层水是由热带和副热带表层水混合下沉并向北往赤道扩散而形成的，所在深度和范围无明显的边界。因不断与红海高盐水及沿岸低盐水相混合，其盐度特征值的范围广于中央水团，约为 34.9～35.25，温度约为 4～18℃。

印度洋亚南极中层水形成于副热带辐合带与南极辐合带之间，由亚南极表层水混合下沉而成，具有低盐（34.2～34.5）、低温（3.4～4.0℃）、高氧的特性。

印度洋深层水由几支水组成。作为上、中层水和底层水北流补偿流的北印度洋深层水，是由阿拉伯海和红海水下沉混合而形成的。它呈楔形切入副热带次表层水和亚南极中层水之下，并以相反方向由北往南流动，沿途不断下沉，随着与周围水不断混合而逐渐降温、减盐。

印度洋南极底层水形成于南半球冬季南极大陆坡处，由水温达冰点的南极表层水和绕极深层水混合下沉而成，具有低温(-0.9～0℃)、低盐(34.66～34.69)、高氧(6.8～5.3毫升/升)的特性。

温度和盐度 表层水温的分布随季节而不同。冬季（以2月为季度月），赤道附近为均匀的高温带，从非洲东岸到苏门答腊岛，经爪哇岛南岸到澳大利亚以北海区，水温都高于28℃，最高达29℃。但阿拉伯海和孟加拉湾水温却较低，尤其是波斯湾和亚丁湾水温仅20～24℃。在南纬15°～35°，由于受南副热带环流的支配，在东经100°以西洋区，等温线呈东北东走向，在同一纬度上，水温西部高于东部；东经100°以东等温线转为东南东走向。南纬35°～50°的区域是中纬度水向南极水的过渡带，等温线几乎与纬线平行，温度水平梯度最大，纬度每增加1°，水温约降1℃。夏季（北半球），热赤道北移，北部普遍增温。索马里、阿拉伯沿岸受上升流影响，100～200米层的冷水涌升到海面，使表层海水出现"冷水斑块"，水温低于22℃。除此之外，8月水温几乎都在28℃以上，红海、波斯湾可达34℃。赤道以南的广大洋区，仍保持着冬季的特征。唯在南纬20°～40°水温普遍比冬季低5℃左右。水温的垂直分布主要取决于水团的垂直结构。在0～1500米各层，水温随深度递减较快，2000米处为2.5～3.0℃，2000米以深，水温几乎不变。

表层盐度的分布各处不尽相同。在澳大利亚以西，有一东西向的椭圆形高盐区，盐度大于36.0。由此往南，盐度随纬度增高而递减，等盐线几乎与纬线平行。从加尔各答、印度尼西亚近海至澳大利亚以北水域是多雨地带，大片表层低盐(30.0～35.0)水随南赤道流沿南纬10°向西伸展，直至马达加斯加岛的东北，形成东北印度洋三角形低盐区。孟加拉湾北部降水、径流都很大，盐度最低（小于31.0）；反之，阿拉伯海蒸发量大、降水少，盐度高，一般在36.5以上；红海盐度可高达 42.0，是世界上盐度最高的海域。这一高盐水不断南移并楔入下沉，致使南纬 20° 以北的次表层水出现高盐核（35.0 以上）。南极低盐水向北运移并混合下沉，800～1000 米层出现低盐核，并向赤道伸展。2000 米以深，盐度几乎不变。

海浪和潮汐　海浪可分季风区、信风区和西风带 3 个区。季风区海浪冬小夏大，东北季风时，平均波高仅 1 米，西南季风时，2 米以上波高的频率为 45%，6 米以上大浪的频率为 10%；信风区，多小浪和中浪，波高在 2.1 米以下的频率为 80%；西风带，多大浪，2.1～6 米波高的频率为 50%，6 米以上大浪的频率为 17%，在印度洋南部的凯尔盖朗群岛附近可见到 15 米波高的大浪。

半日潮的主要分潮(M_2)，在印度半岛之南和澳大利亚西南处各有两个无潮点，在孟加拉湾—查戈斯群岛—克罗泽群岛的连线附近，同潮时线最密集，振幅最小；阿拉伯海和澳大利亚以南洋区，振幅最大。印度洋的潮汐类型可分 4 类：孟加拉湾、查戈斯群岛、莫桑比克、克罗泽群岛附近洋区和澳大利亚西北近岸，为规则半日潮；阿拉伯海、苏门答腊岛和爪哇岛近岸，均为不规则半日潮；澳大利亚西南近海，为规则全日潮；澳大利亚西岸和南岸近海，为不规则全日潮。

4. 资源

生物　印度洋共有 37 种浮游植物，其中硅藻 29 种，甲藻 7 种，蓝藻 1 种，后者是印度洋特有的。浮游植物主要密集于上升流显著的阿拉伯半岛沿岸和非洲沿岸，生物量每升在 10 万个以上。赤道流域和阿拉伯海生物量更多，每升可达几十万个。但在南副热带环流区域和孟加拉湾中部，浮游植物生物量最低，每升一般不超过 5000 个。西风漂流以南区域每升则为 1 万～10 万个。

浮游动物以桡足类甲壳动物为主，约占 70% 以上。此外，还有介形类甲壳动物、毛颚动物、磷虾类、有壳翼足类、有尾类和其他种类。主要密集于阿拉伯海西北部，尤其在索马里和沙特阿拉伯沿岸，平均生物量为 54.7 毫升 / 米^3。生物量的季节变化十分显著，西南季风时，在索马里近海、阿曼湾和印度喀拉拉邦沿岸出现 3 个密集区，生物量都达 50～60 毫升 / 网（用印度洋标准网）。东北季风时，阿曼湾密集区移向阿拉伯沿岸，另外两密集区则消失。其他区域浮游动物生物量一般不超过 15 毫升／网。

底栖生物在深水区以多毛类环节动物为主，占 50%，异足类和等足类甲壳动物次之，占 10%；浅水区，甲壳动物几乎与多毛类环节动物相等，各占 25%。底栖生物量，温带多于热带，近岸多于大洋，以阿拉伯海北部沿岸为最多，一般为 35 克／米^3，最多可达 500 克／米^3 以上，为印度洋的最高值。往南逐渐减少，莫桑比克海峡和印度半岛南部沿海水域，为 3～5 克／米^3，澳大利亚西部陆架近海为 2.6～15 克／米^3。在赤道以南的热带区域，底栖生物量最少，平均为 0.04 克／米^3。在南纬 30° 以南，生物量又有所增加。

印度洋广阔的陆架浅海，是生物资源的主要富集地。据估计，生物资源潜力为 1500 万吨。印度洋的热带近海鱼类有 3000～4000 种，深海鱼、鳀鱼、鲐鱼和虾主要产于饲料富集的印度半岛两岸水域、孟加拉湾和与太平洋交界的马六甲海峡。其中沙丁鱼以阿拉伯海西部最多，鲨鱼多分布于印度洋西部。这在很大程度上促进了金枪鱼、虾、底层鱼类捕捞业的发展。

马六甲海峡

矿产 印度洋矿产资源丰富，特别是海底油气资源。据统计，印度洋油气年产量约占世界海洋油气总产量的40％。自1951年发现波斯湾海底石油以来，已开发了科威特、沙特阿拉伯和澳大利亚巴斯海峡等地的海底石油。后又发现了苏伊士湾、库奇湾、坎贝湾、孟加拉湾、安达曼海湾、澳大利亚西北岸、帝汶、毛里求斯和南非大陆架等地很有前景的海洋石油储藏。

锰结核在4000～6000米深的洋底，分布很广，形成坚硬的覆盖层。但印度洋锰结核中的锰含量低于大西洋和太平洋。

在印度洋边缘滨海有岸滩砂矿、沉积矿床、鸟粪和磷灰岩。斯里兰卡东北和印度西南沿岸的砂矿中，均含有钛铁矿、金红石、锆石、磁铁矿和独居石。此外，在印度和澳大利亚大陆架、印度尼西亚西南水下山脉顶部发现的磷块结构物，南非近岸开采的富钾肥海绿石，缅甸、印度尼西亚和泰国大陆架的锡矿，都是蕴藏量丰富的矿藏资源。在红海发现富含多种金属的软泥。

交通运输 印度洋是贯通亚洲、非洲、大洋洲的交通要道。东西分别经马六甲海峡和苏伊士运河通往太平洋及大西洋。往西南绕过非洲南端可达大西洋。海运量约占世界海运量的10％以上，以石油运输为主。航线主要有亚、欧航线和南亚、东南亚、东非、大洋洲之间的航线。印度洋的海底电缆网多分布在北部，重要的线路有亚丁—孟买—金奈—新加坡线、亚丁—科伦坡线和东非沿岸线。塞舌尔群岛的马埃岛、毛里求斯岛和科科斯群岛是主要海底电缆枢纽站。沿岸港口终年不冻，四季通航。

［二、阿拉伯海］

印度洋西北部的边缘海。中国古籍曾称之为"大食海"（因称阿拉伯半岛为"大食"而得名），或为一概括、笼统的地域称其为"西洋"的一部分。位于亚洲南部的印度半岛与阿拉伯半岛间，平面轮廓北窄南宽，略呈矩形。

南面以非洲大陆的阿赛尔角（索马里境内）和马尔代夫南部的阿明环礁之间

的连线为准，再沿马尔代夫群岛和印度的拉克沙群岛的西侧向北，直迄拉克沙群岛最北端的阿明迪维群岛，以它们之间的连线为界。其东与拉克沙海相连（但有的海洋学家认为拉克沙海也是阿拉伯海的一部分）。在这个范围内，西面和西北面又以亚丁湾的东部边缘（索马里和也门之间的连线）和阿曼湾的东部边缘（阿拉伯半岛最东端的哈德角和巴基斯坦的吉沃尼角间的连线）为界，同这两个海湾分隔开来（但计算整个阿拉伯海的面积，又包括它们）。阿拉伯海本身的海岸线比较平直，仅有印度西海岸的卡奇湾、肯帕德湾以及阿曼沿海几个更小的海湾；岛屿也很少，仅有索科特拉岛、库里亚穆里亚群岛和马西拉岛等；主要海港有孟买、卡拉奇以及亚丁湾的亚丁、吉布提和柏培拉等。总面积 386 万平方千米，容积 1056 万立方千米，平均深度 2734 米，最大深度 5203 米。阿拉伯海南侧面对辽阔的印度洋，西北以阿曼湾经霍尔木兹海峡通达波斯湾，西以亚丁湾经曼德海峡进出红海。阿拉伯海的大陆架，以东北部比较宽阔，为 120～253 千米，孟买以北沿岸最宽，达 352 千米；其余海岸的大陆架很窄，有的地方不足 40 千米。大陆架的水深悬殊，伊朗沿海只有 37 米，印度沿海可达 220 米。海底基本为一面积宽广的海盆，比较平坦。唯印度河通过河口附近的大陆架，向阿拉伯海盆源源不断地输送沉积物，从而形成一巨大的海底冲积锥（深海扇）。阿拉伯海因处

亚丁港一瞥

于热带季风气候区，终年气温较高。中部海域 6 月和 11 月表层水温常在 28℃以上；1 月和 2 月温度转低，仍为 24 ～ 25℃。临近阿拉伯半岛的海面，由于陆地干热气流的"烘烤"，水温可达 30℃以上。海面 11 月至翌年 3 月盛行东北季风，降水稀少，为干季；4 ～ 10 月盛行西南季风，降水丰沛，为雨季；夏秋之交常发生热带气旋，且伴有狂风巨浪和暴雨。表层海流以季风海流为主，随风向变化。每年 11 月到次年 3 月，海域盛行东北季风，随之形成东北季风流，沿印度沿岸向南流动，约在北纬 10° 附近转向西流，然后分成两支：一支进入亚丁湾，一支沿索马里海岸南下。4 ～ 11 月，水汽充沛的西南季风代替东北季风，表层海流随之倒转，形成西南季风漂流。海水盐度，雨季低于 35，旱季高于 36。大陆架（波斯湾未计）某些区域蕴藏有石油与天然气，但勘测尚远远不够。海中生物资源丰富，主要食用鱼有鲭鱼、沙丁鱼、比目鱼、金枪鱼和鲨鱼等。阿拉伯海是联系亚、欧、非三大洲海上交通的重要海域，自古是东西方往来的方便通道。中国古代航海家多曾进出其间，明代郑和率庞大船队万里来访，即其著例。

[三、红海]

地质年代最年青的内陆海。位于亚洲阿拉伯半岛和非洲大陆之间，为印度洋西北狭长的海域。南以曼德海峡与阿拉伯海的亚丁湾相接，北经苏伊士湾和苏伊士运河与大西洋的地中海相连。

长 2253 千米，最大宽度为 306 千米，总面积为 45 万平方千米，平均水深 558 米，最大水深 2922 米。1869 年开辟了苏伊士运河后，红海成为直接沟通印度洋和大西洋的重要国际航道。红海海水呈蓝绿色，当红海束毛藻繁盛时，海水便转变为红褐色，故称"红海"。

地质地形　岸滨陆架水深多浅于 50 米，多礁石。红海沿岸广泛发育着珊瑚礁。曼德海峡，宽仅 26 ～ 32 千米，水深约 150 米。海峡中散布着浅滩、暗礁和小岛。海峡下部还有一道海槛。这些都限制了红海与亚丁湾的水交换。红海的中轴线为中央海槽，大部深于1500米。海槽中部出现几处深邃的V形裂谷，为红海最深的地方。

非洲板块与阿拉伯板块之间的裂谷沿海槽轴通过。两个板块约在2000万年前开始分离，近300万～400万年来，两岸仍以平均每年2.2厘米的速度分离。如将两侧大陆的轮廓线并在一起，恰能密切啮合。因此，红海是未发育成熟的大洋。海底沉积物，主要由珊瑚礁和其他钙质生物碎屑组成，有少量由风带来的陆源物质。

红海和亚丁湾卫星照片

自20世纪60年代初以来，在裂谷底层水中，发现了若干水温和盐度特别高的地点，其近底层水温达34～56℃，盐度达74～310，比其他深层海水盐度高2～9倍。这是由于裂谷扩展时，涌上来的熔岩加热了沿裂隙下渗的海水，而富含溶解盐类和矿物质的热水重新上升所致。

气候 干热的热带沙漠气候，兼有季风气候特征。冬半年，北部盛行西北风，南部盛行东南风；夏半年，全海区多东北风，风速为3.4～10.7米/秒。月平均气温2月最低（北部15.5℃），8月最高（南部32.5℃）。降水多集中于冬季，平均年降水量北部28毫米，南部约127毫米。年平均蒸发量2100毫米。红海无径流注入，通过苏伊士运河与地中海的水交换也极微，但因蒸发损失的水量能由印度洋流入的水量补充，而不致干涸。

水文特征 红海为世界上盐度最高、水温很高的海域之一，其平均值分别为40.35和22.67℃，月平均水温以2月最低（18℃）、8月最高（35.5℃）。年平均盐度北高（>41.0）南低（36.5）。主要水团有：红海表层水，位于50～100米以

浅的水层，温度、盐度的时空变化较显著；变性亚丁湾水，分布于中部以南的次表层，由曼德海峡流入的亚丁湾水变性而成；红海深层水，只限于 200 ～ 2000 米的深层，温度、盐度分布较均匀，季节变化和年变化也很小。

海流受控于海面的蒸发过程。冬、春季，源于亚丁湾进入红海的补偿流，在盛行东南风的影响下比较发达；夏季，风向相反，该海流只能在曼德海峡的中层流入。而在红海表层则出现一支由红海流向亚丁湾的风海流。在曼德海峡底层还经常有一支从红海流出的底层密度流。这支高温、高盐水体越过曼德海峡后向南扩展，成为印度洋次表层高盐水的主要源头。另外，在红海中还有相当显著的横向海流。

潮汐属半日潮性质，南北两端潮汐位相几乎相反，当南端为高（低）潮时，北端为低（高）潮；潮差不大，南北两端大潮潮差分别为 1.0 米和 0.6 米。潮波由印度洋经曼德海峡传入，是比较典型的谐振潮特征。

生物和矿产　海洋生物具有印度洋–太平洋热带生物的区系特征。植物种类较少，动物种类颇多，鱼类有 400 余种，海豚、儒艮、鲨鱼和大型龟鳖等均属常见物种。初级生产力较低，叶绿素含量为 19 毫克/米^3，约与大西洋的马尾藻海相当。矿物资源有石油和蒸发盐矿床，以及在裂谷洼地底层软泥中新发现的重金属矿。

［四、孟加拉湾］

印度洋东北部海湾。介于印度半岛和中南半岛、安达曼群岛、尼科巴群岛之间，南以斯里兰卡南端的栋德勒角至印度尼西亚苏门答腊岛西北端的乌累卢埃角一线（相距约 1690 千米），以及斯里兰卡和印度半岛间的亚当桥一线，与印度洋分开；东以安达曼群岛—尼科巴群岛—缅甸的内格雷斯角一线，与安达曼海为界。因北岸的孟加拉地区而得名。

沿岸现有斯里兰卡、印度、孟加拉国和缅甸 4 国。名曰"湾"，仅为惯称，实际为印度洋一边缘海。面积约 217.2 万平方千米，总容积 561.6 万立方千米，深

吉大港街景

度自北而南逐渐加大，平均深度 2586 米，最大深度 5258 米；大陆架以北、东两部较宽，靠近恒河三角洲、安达曼群岛和尼科巴群岛附近宽度可达 161 千米，外缘向海一侧的平均宽度为 183 米。海底组成物质自海岸向海湾由细沙逐渐向淤泥转化。多处被海底峡谷切割，其中的恒河海底峡谷位于恒河–布拉马普特拉河三角洲外侧，实系恒河三角洲的水下延续部分。恒河向海底延伸的河床深切陆架和陆坡达 732 米。深海扇从恒河–布拉马普特拉河三角洲基部开始，以倒 U 形向南远伸，直迄斯里兰卡以南 5000 米深的锡兰深海平原，总长达 2000 余千米，面积 200 万平方千米。深海扇上分布着许多树枝状谷地。东经 90° 的南北向海岭位于中部偏东，顶部离水面约 2134 米。气温年较差小，1 月平均气温 26℃，7 月 28℃ 左右。表层水温一般为 25 ～ 27℃，盐度 30 ～ 40。年降水量自东而西从 3000 毫米递降至 1000 毫米左右。海流流向受季风的强烈影响，春、夏季在湿润的西南季风推动下，呈顺时针方向环流；秋、冬季受东北季风作用，转变为逆时针方向环流。平均盐度 30 ～ 34。地形效应导致各种作用的聚合，潮差、静振和内波等现象均显著。纳入的河流除恒河外，尚有默哈讷迪河、戈达瓦里河和克里希纳河等。沿岸地区富有多种喜温生物，如恒河河口的红树林、斯里兰卡沿海浅滩的珍珠贝等。古为联系东西方海上丝绸之路的必经海域，现为太平洋和印度洋间的重要通道。沿岸重要港口有加尔各答、金奈（旧名马德拉斯）和吉大港等。

[五、波斯湾]

印度洋西北部边缘海。通称海湾。阿拉伯人称之为阿拉伯湾。介于伊朗高原和阿拉伯半岛之间。西北起阿拉伯河河口，东南至霍尔木兹海峡。

长990千米，宽56～338千米，面积24万平方千米。水深一般不超过90米，平均深度约40米，湾口最深达110米。沿岸国家有伊朗、伊拉克、科威特、沙特阿拉伯、卡塔尔、阿拉伯联合酋长国、阿曼和湾内岛国巴林。

海湾地区为世界最大石油产地供应基地，素有"世界石油宝库"之称。在世界上八大储油国中海湾地区占5个。沙特阿拉伯的盖瓦尔油田是世界上最大的油田。在波斯湾内有世界最大的海底油田塞法尼耶等。海湾地区石油储量为910亿吨，占世界探明总储量的64.5%；出口量占世界石油贸易的40%以上。天然气储量为48万亿立方米，占世界总储量的33.4%。

海湾是世界石油贸易的重要通道。沿岸港口有阿巴丹、布什尔、哈尔克岛、乌姆盖斯尔、法奥、科威特、达曼、拉斯坦努拉、麦纳麦、多哈、阿布扎比、迪拜等。

波斯湾海岸风光

波斯湾西北端哈尔克岛油港

　　霍尔木兹海峡是海湾东出阿曼湾通印度洋的咽喉要道。属亚热带沙漠气候，终年盛行西北风。夏季炎热少雨，秋季多暴风和龙卷风。5～8月多沙尘暴。平均气温：7月32～33℃，1月14～20℃。平均年降水量：伊朗一侧275毫米，阿拉伯半岛一侧不足125毫米。表层水温：东南部24～32℃，西北部16～32℃。盐度：一般为37～41，西南近岸海域高达60～70。海流为逆时针方向环流，流速：湾口每小时6～7千米，湾底每小时1.8千米。潮流流向大体与海湾轴线平行，潮差1.2～3.4米。

　　波斯湾历来是兵家必争之地。7～8世纪为阿拉伯帝国的内海。15～16世纪为土耳其人控制。17世纪上半叶，英国、荷兰之间和英国、法国之间在此角逐。第一次世界大战后，美国石油公司侵入海湾，与英国争夺石油。第二次世界大战期间，海湾成为同盟国向苏联提供军用物资的补给线。1987年美国与伊朗在海湾接连发生军事冲突。1990年8月2日伊拉克出兵占领科威特，7日美国出兵海湾，引发海湾危机。1991年1月17日海湾战争爆发。海湾战争后，美国与伊拉克的军事对抗局面依然存在。

［六、大澳大利亚湾］

澳大利亚沿海最宽阔的海湾。位于澳大利亚大陆南岸的印度洋。根据国际水文局鉴定，其范围西起西澳大利亚州的韦斯特角，东至塔斯马尼亚州的西南角。但通常认为的范围是：西起西澳大利亚州的帕斯利角，东至南澳大利亚州艾尔半岛的卡罗特角。东西两点间直线宽度约 1200 千米，两点间连线往北至海岸距离约 400 千米。海岸线平直，沿岸有连绵不断的直立石灰岩悬崖，只有东岸斯特里基湾区能安全停泊船舶。处于冬季西风带的控制之下，素以风大浪高闻名。湾内有勒谢什群岛、东部群岛、调查者号群岛和皮尔森群岛。沿岸有塞杜纳、尤克拉等小城镇。

澳大利亚风光

第五章　极地海洋——蓝白交织的童话

［一、南大洋］

环绕南极大陆，北边无陆界的独特水域。由南太平洋、南大西洋和南印度洋各一部分，连同南极大陆周围的威德尔海、罗斯海、阿蒙森海、别林斯高晋海等组成。

曾有南极洋、南极海、南冰洋等称呼。联合国教科文组织（UNESCO）的政府间海洋学委员会（IOC）于 1970 年会议上建议把南极大陆到南纬 40° 的纬圈海域，即副热带辐合带的海域定义为南大洋。副热带辐合带是一条海水等温线密集区，几乎连续不断地环绕南极大陆，表层水温 12～15℃，呈现明显的不连续性。平均地理位置随季节不同而变化于南纬 38°～42°，故南大洋的面积也不固定，约为 7700 万平方千米，占世界大洋总面积的 22％ 左右。因北边缺乏陆块作为传统意义上的界线，某些科学家不予承认。但由于这些水域在气候方面的均一性、在沟通三大洋的绕极流和锋线的统一性、表层水中供养同一动物区系以及深层和

底层含氧的低温环境的一致性，另一些科学家认为，把这些水域合为一个整体便于研究。

16世纪开始对该海域进行调查。早期多属探险性质，20世纪后才进入科学考察阶段。中国已经在南大洋近南极大陆一侧建立"长城站""中山站"进行常年科学观测，每年派船对南大洋生物资源、海洋水文、海洋化学、海冰等进行调查。

1. 地质地形

除威德尔海和罗斯海外，南极周围的陆架窄而深，常年承受厚达2000～2500米冰盖的重压，致使大陆边缘沉陷，陆架与陆坡间的坡折深达400～800米，较其他大洋坡折深度大。陆坡陡峭，坡度5%。洋底很深，由三条海岭分割成三大海盆。主要的为斯科舍海岭，呈弧形，在海面下连接了南极大陆与南美洲，露出海面的部分形成斯科舍岛弧，包括南佐治亚岛、南桑威奇群岛、南奥克尼群岛和南设得兰群岛。另两条是凯尔盖朗海岭和麦夸里海岭，都有露出海面的岛屿。三大海盆中的南极-大西洋-印度洋海盆（又称瓦尔迪维亚海盆），最大深度6972米。另两个海盆为南印度洋海盆（又称诺克斯海盆）和东南太平洋海盆（又称别林斯高晋海盆），最大深度分别为5455米和6414米。仅有的一条深海沟称南桑威奇海沟，最深处8264米。洋底沉积结构比较简单，几乎呈同心圆状绕南极大陆分布：靠近大陆边缘的内圈有大量卵石、砾石、冰碛石等冰川海岸沉积物，中圈以硅质软泥为主，靠北界的外圈以钙质软泥为主。

2. 气候

洋区陆地少，气温水平差异小，等温线平直，几与纬线平行，气压场与风场接近行星风系。洋区大气运动的主要特征是强劲而稳定的纬向环流。除西北—东南向移动的过境低压外，海洋上空没有闭合的低压区或高压区。在副热带高压带与南极反气旋之间有一绕极低压槽，其轴线位于南纬60°～70°之间，所以大部分温带范围内，气压梯度都指向南方，直至南纬60°以南，气压才开始向极地增加。气压梯度力与地转偏向力的作用，使南大洋洋面上终年盛行西风。南纬

40°～60°，气压梯度大，风向稳定，风力强劲，平均风速达每小时 33～44 千米，构成威胁航行的咆哮西风带。盛行西风在高纬区和低纬区之间形成风壁，阻挡低纬区暖空气进入南极高原，使南极反气旋保持恒定。冰原上空极其冷密的空气会顺坡而下，这种下降风风速很大，刮来大量松散雪，与沿岸区形成的流冰群一起，大量吸收海洋热量。年降水量随纬度增高而减少，在南纬40°～55°约为1000毫米，南纬70°～90°则在200毫米以下。夏季在南纬65°以南，冬季在南纬60°以南，只有冰晶或雪的固态降水。

3. 水文特征

环流　南大洋表层环流，除南极沿岸一小股流速很弱的东风漂流外，其主流是自西向东运动的、巨大的南极绕极流。南北跨距在南纬35°～65°，与西风带平均范围一致，其厚度是自海面到海底的整个水层。由于西风并非绝对稳定、陆块之间距离不等、海底地形起伏等因素影响，整个环流未能出现纯纬向运动。南美大陆的南伸和南极半岛构成了该环流的主要障碍。因南美大陆南端所迫，绕极流北侧的一部分水流沿智利海岸北上，一部分转向东南；因南极半岛西海岸的走向，环流南侧的水流被迫改向东北。流向东南和东北的两股水流在德雷克海峡汇合并向东急速穿过该海峡。到海峡东面，一条支流转向北，形成福克兰海流，主流仍继续向东。澳大利亚和塔斯马尼亚岛也构成障碍，但不像德雷克海峡那样重要。当接近所有海岭时，绕极流流速加

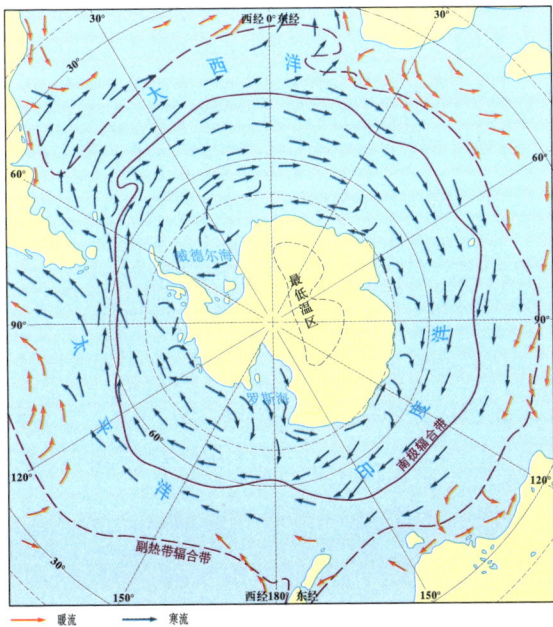

南大洋的表层环流示意图

南极资源——淡水冰

快且转向北；当接近所有海盆时，流速减慢且转向南。平均流速约 15 厘米 / 秒，在流速最快的德雷克海峡处，曾测得 50 ～ 100 厘米 / 秒的流速。尽管流速不大，但随深度减弱很小，导致南极绕极流有巨大的流量。通过德雷克海峡总流量估计为（100 ～ 150）× 10^6 米 ^{3}/ 秒，堪称世界海洋中最强流。

水团 洋区海水按温盐结构可分：南极陆架水、南极表层水、亚南极表层水、南极中层水、南极深层水、南极底层水 6 个水团。

南极陆架水是一种致密的冷水。位于近南极大陆的陆架上。因受低气温和流冰群的影响，最低水温约 -1.9℃，且盐度增大（可高达 34.7）直至下沉。

南极表层水和亚南极表层水是南大洋表层的两种水团。冷且淡的南极表层水位于南极区，水层厚度 100 ～ 200 米。冬季，表层非常均匀，盐度 34 ～ 34.5，温度随纬度变化，南极辐散带以南为 -1.85 ～ -1.88℃，南极辐散带以北温度递升，可达 0 ～ 1℃或 2℃；夏季，融冰耗去大量太阳辐射热，水体升温很少，除无冰区经充分混合后有一厚度为 50 ～ 80 米的较暖水层外，其下水温极低，盐度也低，在南极辐散带到南极大陆之间，表层温度为 -1.8 ～ -0.5℃，盐度 32 ～ 34。亚南

极表层水在南极表层水以北的亚南极区，水层厚而均匀，比南极表层水稍暖且盐度略大。该水团与来自温带的暖水相遇所形成的海洋锋面，就是作为南大洋北界的副热带辐合带。

南极表层水北流到达南极极锋线附近下沉，形成南极中层水。南极中层水在亚南极表层水之下穿过，向北可达三大洋赤道以北，在北大西洋可达北纬25°附近。

南极深层水，位于海面之下几百米到3000～4000米之间，温度约0.5～2.5℃，最高温度在500～600米深处，盐度34.70～34.76，最大盐度在700～1300米深处。该水团可细分为上、下两层：上层出现温度最大值和溶解氧最小值；下层是该水团的主体，以盐度最大值为特征。向南流的南极深层水抵达南极大陆附近的南极辐散带，向上运动，构成上升流。

南极底层水，位于3000～4000米以下的南极海盆底部，由流过狭窄陆架的南极陆架水与绕极深层水混合增密、下沉到海底形成的。具有低温、高密的特性，温度、盐度终年分别约为-0.5℃和34.66。南极底层水向北流入三大洋的洋盆，影响所及可达大西洋的北纬40°和太平洋的北纬50°，对各大洋的总热量和总水量平衡至关重要。

潮汐　潮波自东向西围绕南极大陆传播。以日潮型为主，间有混合潮。潮差不大，除南极半岛尖端处可达5米外，通常不及3米。

海冰　有两类：由海水冻结而成的海冰和由冰架前缘崩解入海而成的冰山。洋区南部海冰冰场广阔，大约有400万平方千米属永久封冻区，另有随季节生消的洋面冰盖约1700万平方千米。冬季期间，最大冰盖面几乎占南纬40°以南海洋面积约的30%。南极大陆周围，海冰平均厚度为2米，在东风影响下向西漂移，方向偏于

南大洋冰山

风向左侧约 30°，大量积聚在岬角、冰舌和南极半岛东侧。夏季期间，冰盖面渐次缩小。卫星照片揭示，海冰间有许多巨大的无冰区，称为冰间湖，对研究辐射和热平衡课题至关重要。南大洋冰山主要来源于罗斯海和威德尔海的冰架，颜色较白，密度较小，体积巨大，顶部扁平。常见的冰山长达 8 千米左右，但高度很少超过 35 米。曾经记录到的南大洋特大冰山约长 150 千米，宽 40 千米，露出水面高度约 30 米，吃水深度为露出水面高度的 5 ～ 7 倍。由于吃水深度大，冰山移动主要受海流影响。大多数冰山被流冰群阻塞在极锋带以南，少量随海流北移，抵达温度为 0℃的表层水附近时开始缓慢融化。一般冰山寿命约 4 年，极大冰山可持续相当长时间。冰山北移可远至大西洋的南纬 35°，印度洋和太平洋分别为南纬 45° 和 50°。漂移的冰山威胁航行，融化的冰山给南大洋水团带来淡水，但消耗海水热量。

4. 资源

生物种类少，耐严寒，脊椎动物个体大，发育慢。海洋食物链简短，即硅藻→磷虾→鲸类或其他肉食性动物。生态系统脆弱，易受外界扰动损害。生物资源丰富，特别是磷虾和鲸。这里浮游植物的主体是硅藻，现已发现近百种，分布具有明显的区域性和季节性，平均初级生产力约 6 倍于其他海洋的总量。磷虾是世界上尚未开发的藏量最为丰富的生物资源，其蕴藏量约 10 亿吨。以磷虾为主要食料的须鲸是另一种重要的资源，出没于南大洋的须鲸有蓝鲸、长须鲸、黑板须鲸、巨臂须鲸、缟臂须鲸和南方露脊鲸等。此外，海豹、企鹅、鱼类、海鸟、龙虾、巨蟹和海草等资源也值得重视。

在地质年代较新的地层里，发现有气体碳氢化合物存在。但即使石油资源丰富，开采和运输也都有巨大困难。此外，在南极辐合线以南，发现几处较大的锰结核产地。

企鹅

[二、罗斯海]

南大洋的附属海。位于南极圈内，为一浅海，以 1841 年到此探险的英国人 J.C. 罗斯的名字命名。南连罗斯冰架，东靠维多利亚地，北与太平洋相通。

海面略呈三角形，面积约 44 万平方千米，平均水深 477 米，大部分是深度不及 500 米的陆架。沿岸是环太平洋火山地震带的一小段，罗斯岛上的埃里伯斯火山是座活火山。年平均气温 -20℃，全年以东风为主，如麦克默多（罗斯陆架冰北端岛上），盛行东风，年平均风速 6.5 米/秒；哈莱特，盛行东南风，年平均风速 3.5 米/秒。气旋主要路径是沿南纬 60°或更高纬度向偏东、偏东南方向运动，但在罗斯海具有更向南移动的路径（方向从外海指向大陆）。罗斯海和南极半岛西侧都是气旋的"墓地"。水汽压约 200 帕，相对湿度约 70%～80%。全年平均云量 7～8。

有 4 种基本水团：①夏季出现的南极表层水（冬季残留水）；②低温、高盐、高密度的陆架水；③南极深层水；④南极底层水。威德尔海为南极底层水主要源地。近年观测表明，南极阿黛利地海岸和罗斯海也有底层水生成。南半球夏季表层水温 -2～0℃，水平和垂直变化很小。表层盐度为 34.2～34.4。盛行东风使海水以 20 厘米/秒左右速度自东向西流动，受阻于西岸后转向北流。冬季海面布

埃里伯斯火山

满浮冰，随流漂动，向北可达南纬63°。全南极海域冰面积最大月份是8～9月，而罗斯海是7月和10月最大。

罗斯海潮汐振幅是南极大陆周边沿岸潮差较小的区域，半日潮和全日潮潮差都在10厘米左右。根据罗斯岛4个潮汐站位的观测结果，潮型系数大于7，是典型的全日潮。

罗斯海浮游生物丰富，为鱼类、鲸、海豹、鸟类提供丰富食料。有大量阿德利企鹅和帝企鹅栖息在罗斯海周围地区。

[三、威德尔海]

南大洋最大的附属海。为一深海，以1823年最先到此的英国探险家 J. 威德尔的名字命名。世界上最大的边缘海之一，面积约280万平方千米，南连菲尔希纳冰架，北以南桑威奇群岛和南奥克尼群岛为界，西靠南极半岛，东南倚科茨地，东北开阔直通大西洋。

南极海冰

海盆深 4500 ～ 4700 米，南极半岛东侧陆架宽 150 千米，科茨地陆架较窄。海域属极地气候，年平均气温 -20℃，全年以东风为主，年平均风速 6.9 米 / 秒。位于威德尔海沿岸的气象站观测的风多为下降风。例如，贝尔格拉诺，盛行风向南风，年平均风速 6 米 / 秒；哈利湾，盛行风向东南风，年平均风速 5.5 米 / 秒。气旋主要路径是沿南纬 60° 或更高纬度向偏东、偏东南方向移动。但在威德尔海具有更向南移动的路径（方向从外海指向大陆）。这实际是越过南美大陆安第斯山脉的气流具有的偏南分量造成的。水汽压约 200 帕，相对湿度约 70%。全年平均云量 8 ～ 9。

有 4 种基本水团：①夏季出现的南极表层水（冬季残留水）；②低温、高盐、高密的陆架水；③南极深层水；④南极底层水。南半球夏季表层水温在 -1 ～ -2℃，盐度在 33.8 ～ 34.0。500 米层海水位温 0 ～ 0.5℃。底层水温 -0.6℃。0℃温度在 1500 米左右。海面布满浮冰，受东南风影响使海冰多堆积于南极半岛东岸。南部海流属东风漂流，北部属西风漂流，并在威德尔海构成顺时针的环流。东风漂流区流速最大也只有 17 厘米 / 秒。冷而重的陆架水下沉为南极底层水，是世界大洋深层水的主要源地，在大洋深层环流中起着重要作用。

南半球的冬季，海冰覆盖面可以达到相当低的纬度，一般威德尔海也都被海冰覆盖。然而根据卫星云图的分析，在威德尔海离岸 800 千米的开阔海冰面上出现开阔水域，最大面积可达 0.3×10^6 平方千米，称为威德尔海冰间湖。它的存在，可以引起海气之间强烈热交换，是海洋物理学中的重要课题。

从威德尔海里侧到南极半岛的海域，潮汐振幅大于 1 米，是南极周边潮汐最大的海域。最大潮差在南极半岛沿岸。这是由于海底山脉和复杂的大陆架影响产生的。希克尔顿（南纬 77°59′、西经 37°10′）验潮资料显示潮型系数为 0.77，因此为不正规半日潮。而南乔治半岛则接近半日潮。

威德尔海海水富含营养盐，是浮游生物最密集的海区之一。南桑威奇群岛南侧浮游植物丰富，初级生产力达 10 毫克·碳 /（米³·小时），是南极磷虾的重要产地。动物有威德尔海豹、企鹅和海燕。

[四、北冰洋]

　　以北极为中心，广布有常年不化的冰盖的大洋。因主要位于北极地区，面积较小，又名北极海。位于地球最北端，为亚洲、欧洲和北美洲所环抱。在亚洲与北美洲之间有白令海峡通太平洋，在欧洲与北美洲之间以冰岛-法罗岛海丘和威维尔-汤姆森海岭与大西洋分界，有丹麦海峡及史密斯海峡与大西洋相连。

北冰洋冰上观测站

　　北冰洋(Arctic)名字源于希腊语，意即正对大熊星座的海洋。1650年，德国地理学家 B. 瓦伦纽斯首先把它划成独立的海洋，称大北洋；1845 年伦敦地理学会命名它为北冰洋。由于气候严寒，冰层覆盖，调查困难，直到 20 世纪 30 年代以后才陆续在冰上建立科学考察站，开展一些较系统的调查。由于北冰洋对全球气候有重要影响，各种考察和调查接踵而来，中国也先后派出调查队和"雪龙"号科考船进行水文气象研究。

　　在世界大洋中北冰洋是最小的大洋，也是最浅的大洋。面积约为 1475 万平方千米，约占世界海洋面积的 4.1%，不及太平洋面积的 1/12。平均水深 1225 米，最大水深 5527 米（在格陵兰海东北）。

　　北冰洋海岸线曲折，岛屿众多。有宽阔的大陆架和许多浅而大的边缘海：在欧亚大陆沿岸的有挪威海、巴伦支海、喀拉海、拉普捷夫海、东西伯利亚海和楚科奇海等；北美洲沿岸的有波弗特海和格陵兰岛之东的格陵兰海。北冰洋岛屿众多，分布在大陆架处，其数量仅次于太平洋。流入北冰洋的主要河流有鄂毕河、叶尼塞河、勒拿河和马更些河等。

1. 地质地形

北冰洋略呈椭圆形，沿其短轴方向，有一系列长条形的海岭和海盆。主要海岭有三条：罗蒙诺索夫海岭、阿尔法海岭和北冰洋中脊。罗蒙诺索夫海岭大致从新西伯利亚群岛穿过北极附近，延伸至格陵兰岛北岸，岭脊距海面 1000～2000 米。它可能是从亚欧大陆边缘分裂出来的无震海岭。阿尔法海岭（即门捷列夫海岭）从亚洲一侧的弗兰格尔岛起延伸至格陵兰岛一侧的埃尔斯米尔岛附近，与罗蒙诺索夫海岭汇合。北冰洋中脊（又称南森海岭）位于罗蒙诺索夫海岭另一侧，它起自勒拿河口到格陵兰岛北侧，与穿过冰岛而来的北大西洋海岭连接。长约 2000 千米，宽约 200 千米。中脊上有裂谷发育，有平行于轴向延伸的磁异常条带，还有垂直于轴向的横向断裂带。

三条海岭把北冰洋北欧海域划分为挪威海盆和格陵兰海盆；靠亚欧大陆一侧的为欧亚海盆，一般深 4000 米，最大深度位于斯瓦尔巴群岛以北，也是北冰洋最大水深处；靠北美洲一侧的为加拿大海盆；位于罗蒙诺索夫和阿尔法两海岭之间的是马卡罗夫海盆。此外，北冰洋大陆边缘还被许多海底峡谷所分割，其中最大的是斯瓦太亚·安娜峡谷，位于喀拉海北部，长度超过 500 千米。

北冰洋海底大陆架非常广阔，面积约为 440 万平方千米，占整个北冰洋面积的 1/3（其他三大洋大陆架面积，都不到本大洋的 1/10）。深海区在整个大洋中所占的比例，远小于其他三大洋。在亚欧大陆以北，大陆架从海岸一直延伸 1000 千米左右，最宽处可达 1200～1300 千米；在阿拉斯加以北，大陆架比较狭窄，只有 20～30 千米。

中央深海区海底沉积物主要是棕色和深棕色泥，在罗蒙诺索夫海岭发现砂质泥。大陆架覆盖着陆源沉积物：粗砂、细砂和砂质淤泥。沉积速度在北冰洋中央区为 1.3～2.0 厘米 / 千年，陆架区约 4.5 厘米 / 千年。

北冰洋四周为被动大陆边缘，缺乏强烈的地震和火山活动。宽阔的大陆架属于周缘大陆的自然延伸，具大陆地壳结构。深海盆地则主要由大洋地壳组成。地震活动频繁的北冰洋中脊纵贯欧亚海盆中部，欧亚海盆是古新世晚期以来沿北冰洋中脊海底扩张的产物。磁测资料表明，马卡罗夫海盆可能是白垩纪晚期至新生

代初期扩张形成的；加拿大海盆的年龄更老，可能是中生代晚期海底扩张的产物。阿尔法海岭具有大陆地壳结构，即类似于罗蒙诺索夫海岭，而不同于北冰洋中脊。

2. 气候

因地处高纬区，全年得到的太阳辐射较少，夏季冰雪融化又要消耗大量热量，所以平均气温要比地球上其他区域（南极除外）低得多。冬季，极区附近极夜期长达 179 天，最冷月份（1～3 月）平均气温约为 -40℃，近海区为 -30℃，最低温度为 -53℃。夏季，极昼期则长达 186 天，最暖月份（7～8 月）平均气温在极地附近为 0℃，沿岸地区可达 5～9℃，有时甚至在极地区域亦可增至 2℃。云雾天是北冰洋夏季最典型的天气。疾风（15 米 / 秒以上）很少，月平均风速为 4～6 米 / 秒。边缘地区常发生暴风雪，尤其在冷暖气团交汇处。北极上空常年被反气旋控制，冬天在西伯利亚上空发展成为强大的反气旋活动中心，在西伯利亚和极地反气旋之间，形成了由西向东延伸的低压槽，不断把从大西洋来的暖湿空气带到北冰洋腹地；同时由于大西洋暖流的延伸，北极寒冷气候有所缓和。因此，北半球的绝对冷源不在极地，而在亚洲大陆的维尔霍扬斯克。整个洋区降水形式终年为雪，降水量比蒸发量要大 10 倍。年降水量 75～200 毫米，格陵兰海可达 500 毫米。

3. 水文特征

大部分水域的表层覆盖着冰雪，是水文上突出的特点。

环流 在北冰洋表层环流中起主要作用的是大西洋海流的支流西斯匹次卑尔根暖流。这支海流从格陵兰岛和斯瓦尔巴群岛之间的东部，进入北冰洋。它是高盐暖水，在斯瓦尔巴群岛以北下沉，形成了位于 200～600 米深度上的暖水层，并沿北冰洋陆架边缘作逆时针方向运动，它的某些支流则进入附近的边缘海。从楚科奇海穿过中央洋区到弗拉马海峡有一支越极海流流过格陵兰海，并入东格陵兰寒流，夹有大量浮冰流入大西洋。该流系的流速开始只有 2～3 厘米 / 秒，但越过极地后，流速逐渐增至 8～10 厘米 / 秒。北冰洋是北半球海洋中寒流的主要

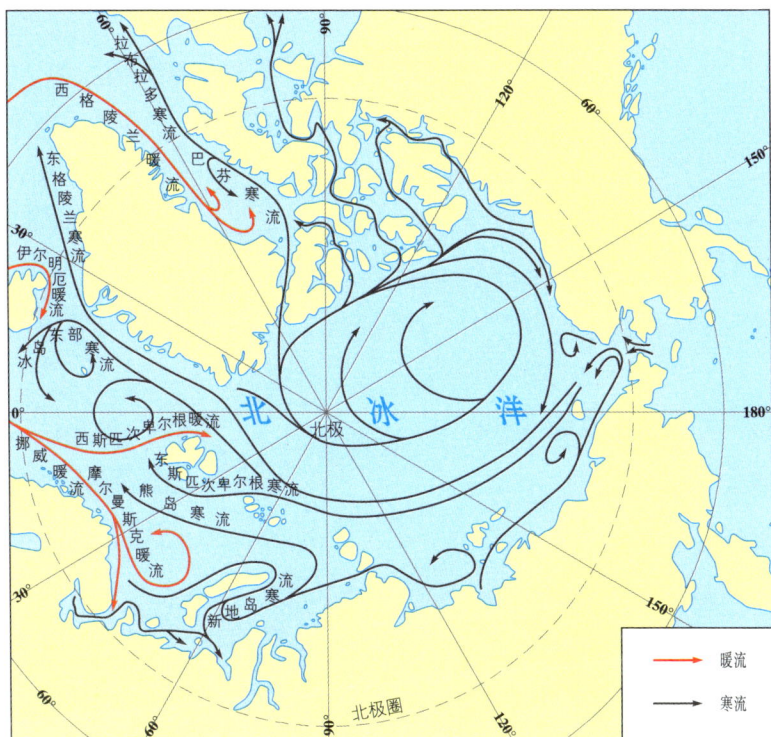

北冰洋表层环流示意图

发源地，其冷水主要通过拉布拉多寒流和格陵兰寒流注入大西洋。此外，在加拿大海盆表层还有一反气旋型环流，流速只有 2 厘米 / 秒，仅在阿拉斯加北部流速增至 5 ～ 10 厘米 / 秒。

　　北冰洋和外界的水交换，主要经过格陵兰岛和斯瓦尔巴群岛之间的通道进行。大西洋海水从该通道东部的深层流入北冰洋，占全洋区流入总量的 78%。通过白令海峡进入北冰洋的水量，约占流入总量的 20%。北冰洋海水从格陵兰岛和斯瓦尔巴群岛之间的通道表层流出，约占总流出水量的 83%（包括 2% 的流冰量）。而通过加拿大北极群岛间海峡流出的水量，约占总流出水量的 17%。因此，进入北冰洋的更新水约为流入总量的 2%。故对极地海域的水文状况影响不大。

　　水团　有北冰洋表层水、大西洋中层水、太平洋中层水和北冰洋底层水。北冰洋表层水位于水深 200 米以内的上层，从夏到冬，盐度由 28.0 增加到 32.0，水

温则从 -1.4℃降到 -1.7℃。大西洋中层水，位于 200～900 米水深处，是进入北冰洋相对高温、高盐的大西洋海水逐渐冷却后形成的。盐度变化在 34.5～35.0，最低温度为 0.5～0.6℃。太平洋中层水，位于美亚扇形区，是太平洋入侵的暖而淡的水与当地冷而咸的水在楚科奇海互相混合后形成的，并楔入加拿大水域。盐度为 31.5～33.0，温度为 -0.5～0.7℃。北冰洋底层水，位于大西洋中层水之下直到洋底，具有几乎不变的盐度（34.93～34.99）和温度。

潮汐　主要是由大西洋潮波的传入引起的。沿海岸一带为不正规的半日潮，大部分潮高不到 1 米。在约坎加湾，可以看到 6.1 米的高潮。

海冰　大部分海域为平均约厚 3 米的冰层所覆盖。根据洋底沉积物的分析，这里的海冰已持续存在了 300 万年。大部分海区，尤其是高于北纬 75° 的洋区，存在着永久性的冰盖。冰的总面积，冬季为 1000 万～1100 万平方千米，夏季为 750 万～800 万平方千米。北纬 60°～75° 的海区，海冰的出现是季节性的，常有一年周期。边缘海区冰盖南界不固定，随着水文气象条件的变化，往往会变动几百千米。一年冰的厚度，春季达 2.5～3 米；多年冰的厚度达 3～4 米。在风和海流的作用下，大群冰块叠积，形成流冰群。它们沿高压脊运动，在局部地区堆积很高，并向纵深下沉几十米，从而形成巨大的浮冰山。露出水面的高度约为 10～12 米，有时高达 15 米，

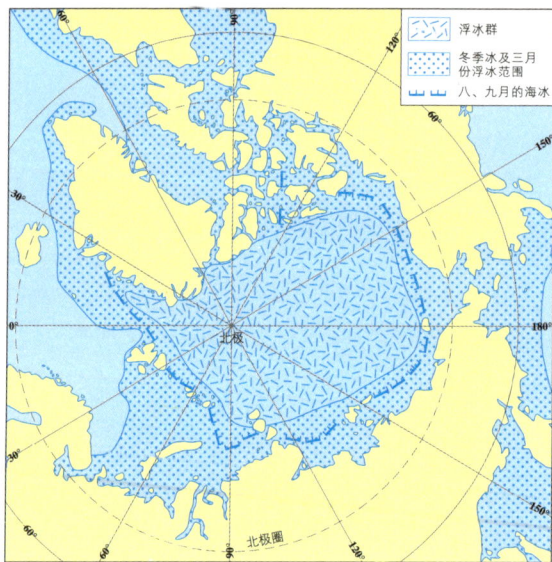

北冰洋的冰情示意图

水下部分厚达 40 米，水平方向的面积可达 600～700 平方千米。从岛屿脱落下来的冰山能漂移很远距离，其中一些冰山可进入大西洋，个别冰山可漂移到北纬 40° 附近。

4. 资源

生物　由于高寒，以及常年冰盖和流冰的限制，北冰洋动植物群的种类比地球上其他海区要少得多。浮游植物的年生产力比其他洋区要少 10%。植物界包括大片聚集在浮冰上的小型植物、生长在表层水（深 40～50 米）中的浮游植物（微藻类）、生长在海滨浅海区海底的底栖植物巨藻类和海草等。暖水性的浮游动物少，但同属的动物往往比其他地区长得肥大。最重要的鱼类有北极鲑鱼（红点鲑或白点鲑）和鳕鱼等。巴伦支海和挪威海是世界上最大的渔场之一。捕获量较大的有鳕鱼、黑线鳕、鲽鱼和毛鳞鱼。生物资源中，海洋哺乳动物最珍贵，如海豹、海象、鲸、海豚、北极熊和北极狐等。

北极熊

矿产　北冰洋的矿产资源以石油、天然气最为重要，主要分布在阿拉斯加北岸的波弗特海大陆架、加拿大北极群岛及其邻近海域。此外，北冰洋海底还富有锰结核、锡和硬石膏矿等。

交通运输　北冰洋有联系欧、亚、北美三大洲的最短大弧航线，但地理位置偏僻，气候严寒，沿岸地区人烟稀少，航运困难。航运较发达的是北欧海域的挪

威海及巴伦支海。从 20 世纪 30 年代开辟的西起俄罗斯的摩尔曼斯克到符拉迪沃斯托克（海参崴）的航海线，全长 1 万多千米，具有重要意义。固定的航空线有从摩尔曼斯克直达挪威斯瓦尔巴群岛、冰岛雷克雅未克和英国伦敦的航线。

[五、哈得孙湾]

北冰洋主要边缘海，伸入加拿大东北部内陆的大海湾。东北经哈得孙海峡与大西洋相通；北经福克斯海峡与福克斯湾相连，湾口的南安普顿等岛构成其北界；再经布西亚湾和加拿大北极群岛诸海峡与北冰洋相通；向东南伸为詹姆斯湾。1610 年，英国航海家 H. 哈得孙最先穿过哈得孙海峡进入海湾。哈得孙湾略呈椭圆形，面积 81.9 万平方千米。

湾底浅平，平均水深 100 米，最大水深 274 米，詹姆斯湾深不足 60 米。因地处高纬，深居内陆，故气候严寒，水温很低。除 8、9 月表水温度可升至 3～9℃外，全年大部分时间海面封冻；深水温度终年在 -1.1℃ 以下。海水盐度随深度而递增，水深 1.8 米以上表水层的盐度仅 2，24 米以下可达 31。加拿大中部和东北部地区河流多汇注于此，如纳尔逊河、丘吉尔河、奥尔巴尼河等。海流挟带冰块由福克斯湾流入，形成逆时针环流，从哈得孙海峡流出，汇入拉布拉多寒流。因纽特人居住在东、西岸，印第安人居住在南岸，以狩猎（海豹、海象、北极熊）和捕鱼（鳕、鲑、大比目鱼）为生。沿岸地区多小型毛皮贸易站。西岸的丘吉尔港为主要港口，有铁路通加拿大南部。

[六、巴芬湾]

北冰洋属海。介于格陵兰岛（丹）与加拿大埃尔斯米尔岛、德文岛、巴芬岛之间，呈西北—东南走向。东南经戴维斯海峡与大西洋相通，北经史密斯海峡、罗伯逊海峡与北冰洋相连，西经琼斯海峡和兰开斯特海峡入加拿大北极群岛水域。

1585 年英国航海家 J. 戴维斯首先进入海湾探险。1616 年英国航海家 W. 巴芬为寻找通往东方的西北航路，进入海湾，故名。海湾长 1126 千米，宽 112～644 千米，面积 68.9 万平方千米。北部水深 240 米，南部水深 700 米，中央巴芬凹地最深 2400 米。北极圈通过海湾南部，北端已达北纬 80°，气候严寒。表层水温冬季 -2℃，夏季 5～6℃。盐度 30～32，深处为 34.5。全年仅 8～9 月可完全通航。西格陵兰暖流沿其东缘从大西洋流入，受此影响，海湾北部不封冻，形成"北方水道"；挟带冰块的北冰洋冷水由北而入，沿西缘南流，进入大西洋成为拉布拉多寒流。北纬 72° 以北湾内形成逆时针环流。海洋生物丰富，有鳕、鲭、大比目鱼等鱼类和海豹、黑鲸、海象、海豚等哺乳动物，沿岸地区栖息很多鸟类。当地因纽特人以渔猎为生。

因纽特人